U0021444

遠距工作這樣做：

所有你想知道的 Working Remotely
效率方法都在這裡

Xdite 鄭伊廷 著

特別感謝引領我進入遠距工作世界的：
薛良斌（hlb）
張文鈿（ihower）
劉康民（gugod）

不只遠距工作，
更是團隊協作的高效率秘方

☼ 為什麼你現在需要這本書？

過去 10 年來，Work From Home、Working Remotely 這種新型工作形式逐漸誕生。意思指公司不再需要辦公室，員工在家上班協作。

這個工作形式，原本非常小眾。原因在於

- 社會上普遍的老闆與工作者，不太相信在家工作，能有多少生產力。
- 遠距工作有一定的門檻，除了原先工作協作方式需要改變，另外也對員工個人的專業素養有一定的要求。
- 遠距工作「要有人帶」。市面上能夠遠距工作的公司，多半老闆本身就是遠距工作者，或曾經參與遠距工作。如果是一般人，貿然想要闖入遠距世界，那麼損失的生產力可能比遠距增加的生產力還要多。

因此，「遠距工作」始終沒有進入大眾的視野裡面。因為對大眾而言，這個工作型態，始終是個「選項」，而且是個「不確定會帶來多少收益」的選項。

然而，一場全世界的流行病，在 2020 年打亂了世界上所有人的計畫。許多國家紛紛 Lockdown，不允許居民出門，更何況是到辦公室集中上班。所以，很多人都被迫改成了遠距工作的形式。

但是，Working Remotely 本身需要一些技能與客觀條件配合，不是想導入就能順利導入，否則反而會讓原先的生產力大幅下降。因為遠距工作，更需要一套完整的團隊協作策略，才能順利運行。

這本書，衷旨為分析遠距工作的各種協作策略，但未必是你被迫 Work From Home 才需要這本書。我個人認為，這是一本適合所有人、所有團隊的工作效率提升技巧書籍。

無論你的團隊是：

- 創業團隊計畫導入 Remote，想知道如何導入？
- 現有團隊已是 Remote，但有許多問題需要解決！
- inhouse 團隊被迫導入 Remote，想知道如何轉型？
- inhouse 團隊目前不需要 remote，但想要提升團隊協作效率！

這本書都可以讓你的團隊使用後大幅提升協作效率，提升工作品質。希望這本書能在 2020 年混亂的時代潮流中幫你走出迷霧。

✿ 這本書如何幫助你解決問題？

過去因為職涯關係，我有過三段「非同步工作」的相關經歷。這也造就，我本身還算「精通」「Working Remotely」這項技能。

2008 年，我第二份程式設計師工作，是在幾位業內大神合組的網站設計公司上班。公司總共 5 人。平日公司全數是 Work from Home。一週工作日有 5 天，我們 4 天遠距上班，一天到老闆家附近的咖啡店開會協作一下午。這段經歷也奠定了我未來許多 Working Remotely 的技巧。

2014 年，我在矽谷一家軟體團隊當 Engineer Lead。公司的組成大致上是台灣有將近快 20 個程式設計師，而營運團隊幾乎都在美國也有 20 人。我在這間公司主要的工作，除了架構設計外。花最多心力的地方就是設計協作架構。

到了 2017 年，我其中一間公司 OTCBTC，在上線成交額做到一天一億人民幣之前，公司組成只有 15 個人。而且挺好笑的是，外

界都以為我們有 100 個人。因為，我們團隊部署上線新功能之快，真不像小公司。後來，我們公司擴展規模，公司也混用了多國頂尖的正職、兼職工作者，異步在不同地域，不同時區裡面接力工作。

所以，按照過去經歷，針對「遠距工作」裡面的核心「Working asynchronously」（非同步工作），並且其中提升效率的方法，在這 12 年的工作生涯中，我應該算是練得爐火純青。

這本書裡面，我會談什麼樣的主題呢？這本書可能會跟坊間的遠距工作、在家工作雞湯不一樣，本書整理的都會是相當實戰的工作流程技巧。

我會在這本書裡面，拆解以下主題：

- 溝通技巧
- 專案接力
- 會議改造
- 進度拆解
- 如何成為遠距管理者
- 精力管理
- 資安控管
- 如何建立遠距團隊
- 如何導入遠距工作

需要遠距工作的團隊，學會這套流程，可以改善遠距過程的各種問題。而非 Remote 團隊學了這套技巧，有沒有用？當然非常有用，光是協作技巧的一點改變。就能讓團隊的效率翻上幾倍。

讓我們開始吧！

鄭伊廷 Xdite

目錄

PART 1
溝通技巧篇

1-1

為什麼遠距工作
首先要解決溝通問題？

✿ 遠距工作最大痛點，不是要使用什麼工具

作為一本遠距工作的專書，第一個主題，我想先解決的問題是「溝通」。

有些讀者會好奇，有那麼多主題可以談，為什麼選擇「溝通」這個主題作為開場呢？

原因是這樣的，在寫這本書之前，我曾經在線上做了一個很小的試講版講座。在這場試講活動開始之前，我請參加的人填了一份問卷。詢問它們在「Working Remotely（遠距工作）」時，遇到什麼痛點？我會針對大家填寫的問題回饋，做好試講的重點準備。

我本來以為，大家的痛點，會是遠距工具的使用，結果調查的結果跟我們一般想像的並不一樣。

> **沒想到，接近90%的人，不是選擇「工具」問題，**
> **而是不約而同都選擇了「溝通」問題。**

原本，「在家上班」，聽起來一直是很多通勤者心目中粉紅的夢。

但公司沒有動機將大家轉換成遠距上班的模式，老闆也對於轉換成遠距工作的成本，始終沒有個底。所以，「遠距工作」（對公司管理來說）、「在家上班」（對工作者來說）這件事對所有人來說，始終一直是個夢。

直到 2020 年，COVID-19 強迫大家直接面對了這個議題。

本來，在準備（或被迫）要實踐遠距工作一開始，有些工作者與老闆是有點興奮的。終於有機會、也有動機能夠嘗試這個挑戰，但不久後，又有很多團隊都陷入了沮喪，他們發現，為什麼遠距工作沒有像是報導所說的「提升工作效率」，反而產生了許多工作的混亂問題呢？

就是因為，「溝通」成本實在太大了！

原本，很多人對於遠距工作這件事，想的是效率的提升、成本的降低、個人自由時間的增加。結果，這個遠距工作實驗一開始，大家發現，好像反而變成：

- 「效率的下降」
- 「成本的提升」
- 「個人自由時間的減少」

在遠距工作時，會永遠開不完，甚至變得比以前需要更多的會議？簡單的事情怎麼變得永遠溝通不清楚？超過下班時間事情還堆積如山，雖然在家但好像整天都無法下班，連家裡也變成像是辦公室一樣的上班地獄！

因此許多上班族直接崩潰了，需要實踐遠距工作的管理者也紛紛崩潰了。

為什麼遠距工作的轉換，不是換一個更有效率的工具，然後大家工作更輕鬆呢？因為，溝通的問題還沒有被解決。

☼ 辦公室的便利，掩蓋了原本的溝通問題

原本一般上班族最討厭辦公室生活的幾個點，就是：

- 要花很多時間通勤
- 上班時間很容易被別人打斷，造成工作效率下降

大家都很希望公司能改變工作模式，變成「遠距工作」，讓自己不需要再花那麼多時間通勤，並且能夠有自己完整的專注時間執行高效工作。

本來以為，大家切換到遠距模式後，這件事情會「自動發生」。沒想到並沒有發生，而是反而掉進了一個沒有想像過的溝通地獄模式。

以往工作上如果有任何小問題，本來只要走到同事旁邊，瞬間就能得到答案。但現在這樣便利的溝通方式通通不行了！要問個事情，都要在通訊軟體等上老半天，才有個模糊的答案。所以一點小事，就要花很多時間來回彼此確認。而且，還很容易不小心因為措辭的問題吵架。

再來，文字溝通很沒有效率。為了提昇效率，大家開始轉用電話、視訊、語音直接溝通。結果，在家被打斷的次數，還遠超過在辦公室被打斷的次數，手機與通訊軟體整天響個不停。

更不用說會議了，原本在公司，大家就很討厭開會，切換到遠距工作時，大家又更痛恨會議了。但是因為很多事情私下溝通講不清楚，大家又不在辦公室，所以公司的開會頻率不僅變得更高，而且時間變得更長！

結果搞得一天到晚都在通訊、都在開會，都沒有時間做事了！

更不用說如果在家裡有小孩吸引你的注意力，你會發現原本以前

在辦公室上班，真的是天堂一般的生活。在家工作，則是地獄，永遠事情做不完，下不了班！

所以許多人在試了一陣遠距生活後，往往大呼吃不消，希望找到方法可以立刻解決。畢竟，誰也不想在家過勞死。

上面這些問題，其實都是來自我認識的不同遠距工作者的抱怨，在聽完我這些朋友的抱怨後，我也發現問題的根源在哪裡。

> **其實，這並不是遠距工作帶來的問題，**
> **而是原本平日大家在辦公室就有的協作問題。**

但是因為在辦公室裡，大家彼此物理距離近，可以快速的當面溝通，解決平日不同同事間工作技巧、表達能力上的差距，所以問題「看起來」並沒有那麼大。

可是一旦改成遠距工作模式，很多協作問題沒辦法立刻跟旁邊的同事解決，這些溝通問題就被好幾倍的放大了。

那麼我們要如何改善這個問題呢？

下面，我就要分享在遠距工作的流程中，團隊應該掌握哪些溝通技巧。

1-2
降低直接、即時溝通次數

⚙ 降低溝通次數，提升溝通品質

> *提高溝通效率的第一個技巧：*
> *降低直接、即時溝通次數。*
> *可以的話，我甚至建議一天至少降到兩次以下。*

看到這個建議，很多朋友往往會大吃一驚。這章的目的不是要教大家提升溝通品質與效率嗎？為什麼第一章剛開始，就讓讀者直接降低溝通次數。

這是因為，溝通次數提升，並不代表溝通品質的提升。反而無限上綱，以為溝通很方便，就會讓大家不自覺的降低溝通品質，效率反而變差。

為什麼大家會覺得切換到遠距工作之後，「溝通」這件事情變得很困難？

這是因為，平日在辦公室，我們交流非常方便，因此，我們往往會覺得，有什麼問題，站起來溝通就好，如果不清楚，就再溝通一遍。這時候，我們就是用次數換取質量。

但是，很多人其實沒有想過。為什麼平日生活中、工作上需要溝通那麼多次？

到底是問題的清晰程度不夠？目標與品質上的差距？還是個人價值觀、能力上的差異？才需要工作上的多次溝通去解決。

這個問題，在傳統的辦公室裡面，會「看起來」沒有那麼重要。反正，大家距離那麼近，沒有什麼事不是走過去說幾句就能解決的。（只要不是有成員、團隊天天陷入爭吵，通常也不需要檢討。）

> **所以，許多人往往遇到溝通問題，**
> **第一直覺往往是「立即溝通」，**
> **如果溝通有困難，就「增加次數」。**
> **其實這是沒效率的方式，只是以前大家沒發現。**

所以，第一個建議，就是遠距工作時，先規定溝通次數，設定溝通時間，反而會讓員工開始思考，如何更有效率進行溝通。

❂ 立即溝通真的是最有效率的做法嗎？

我們平日使用的模式是「立即溝通」模式。所以，很自然的大家會將問題朝向解決「立即」溝通的「工具」或「頻率」上去解決。

> **但是有沒有想過：「你真的需要問這個問題？**
> **並且需要馬上得到答案嗎？」**

這個反思，其實是很值得大家去思考的。

原本，「立即溝通」、「多溝通」在辦公室裡面是成本很低的作法。

但是轉換到遠距工作上，這件事成本會變得很高。所以，「立即溝通」、「多溝通」反而是多做多自殺。

這也是大家在遠距工作時，最早卡住的一部份。

所以我往往會建議遠距團隊，反向操作。主動降低立即溝通次數，退一步去深度思考自己為什麼依賴「立即溝通」這個方式。

當溝通次數有限制，為了提升溝通品質，就要站在另外一個角度，去思考三個方向：

1. 自己想要得到什麼答案？
2. 這件事需要馬上得到答案嗎？
3. 公司知識庫（資料庫）上找得到答案嗎？

1-3

你想要得到什麼答案？
不要丟思考炸彈

⚙ 有些溝通，其實是把思考作業丟給對方

> 我一直認為，在工作上，如果需要頻繁與對方
> 溝通才能辦成事、才能得到想要的效果，
> 工作上一定有什麼地方出了錯。

　　我想在職場上，下面這些問題的提問語句，對你來說應該不陌生：

- 「在嗎？」
- 「你有沒有什麼方向？」
- 「你覺得黃色好嗎？」
- 「你覺得老闆想要什麼？」

　　這類問題給人的感覺十分黏膩與煩躁。

　　表面上這些問句看起來好像很平凡，但實際上，這些問句在協作上帶給的隊友負擔其實挺大的。平常在辦公室裡這樣有一搭沒一搭的亂聊，看起來還沒什麼。但是如果在遠距中，這類問題一旦出現

在通訊軟體內，看到時自己內心常有一股沖動想掐死對方。

為什麼有這麼大的差異呢？

> 這些問題都有個共通特點，
> 每當這些問題出現前，你總需要再多問好幾句，
> 才能最終明白對方要什麼？

以前，在辦公室裡這種問題很常見，但大家其實不太在意，主要原因是因為以前這類問題，多來回幾句的成本只要幾秒鐘。但是切換到遠距工具後，光是回應問句的時間成本，加上遠距工具的操作，就是多了幾十倍，所以往往讓人不由自主的無名火起。

這些問句的成因很多，有可能是當初對方沒想清楚，隨口就丟出問題，而沒有好好把核心訴求表達出來。

> 但還有一種更可怕的情況，就是問這些問題的人，
> 平常就有不好的工作習慣，
> 習慣將「思考作業」扔給對方。

✿ 建立不要丟思考炸彈的提問原則

平常在辦公室裡，我們對這種「思考作業」炸彈沒感覺，但是一切轉換到遠距工作模式，就覺得跟這樣的人工作十分吃力，溝通上很抓狂。

但是最重要的是，我們要如何改變「結果」？

不管你是炸彈接收者，還是無意中成為了炸彈製造者。如果我們不想陷入這種討厭的情形，我建議團隊裡面針對問問題的原則，應該改成：

1. 在問對方一個問題時，先思考自己想要得到什麼答案？

2. 盡量將問題的答案選項，用手段集中限制成你想要的結果。

3. 將一個「開放問題」，改造成有限的多選題。

比如說上面舉這些無腦例子，就可以重構成如此：

■ 「在嗎？」

→ 「在嗎？我想跟你溝通 A 專案的事。我在 15 分鐘裡面都在線。如果你在的話盡快回我。如果等下來找我，我可能整點時候才在，到時候可以打我電話 XXXXXX。」

■ 「你有沒有什麼方向？」

→ 「關於目前這個問題，我目前有 A 方向、B 方向、C 方向，我個人比較偏好 A 方向。你有沒有其他思路？」

■ 「你覺得黃色好嗎？」

→ 「關於這張海報，我做了紅橙黃綠色，我個人覺得黃色在這個場景比較適合，理由是 XXXX。你比較偏好哪一款。選個兩組給我。」

- 「你覺得老闆想要什麼？」
  - → 「我認為老闆因為 AA、BB、CC 因素。他可能比較偏好 CC 選項。你有什麼的看法？可以給我你的方案與理由嗎？」

讓我們看看，前後兩種提問有什麼差別。你會發現，這些問題經過「改寫」後具備幾個特徵：

1. 相對比較長。
2. 一次性的表達了自己相對完整的看法。
3. 如果對方沒有什麼想法，提供封閉式選項，讓雙方能對結論快速收斂。
4. 容易得到具體的溝通成效，時間可控，結果可控。
5. 「過度溝通」（在一句話裡面塞滿了可能的選項，以及上下文場景）。

✪ 先拆解問題，溝通才能獲得有效答案

我們平日之所以會「沒有效率」的原因。是因為「走過去溝通」的「時間成本」非常低廉。所以反而最有效率的方式，是近距離高頻率的快速修正。

> *然而，這種走過去溝通的「壞習慣」被帶進*
> *遠距工作時，大家就會覺得「溝通」上很費勁。*

我們可以把「時間」比喻成水，「溝通」當成洗澡。以前在辦公室，我們有自來水，當然是拿蓮蓬頭快樂的沖澡。但是如果我們到

了高原上，洗澡需要打水，非常的費力。你還會想要在高原密集的打水進行快樂的沖澡嗎？當然不可能！

這時候，我們採取的策略，就會變成可能兩天才洗一次澡，每次都採取擦澡的方式。並且集中在某些時段裡面大家一起洗。

在遠距工作上，為什麼我在開篇第一個原則，就是「限制直接、立即溝通次數，一天最好在兩次以下」？

目的是，反過來設計一個極限場景，如果說話機會這麼珍貴，大家就不會浪費時間找尋更好的語音溝通工具，或想開更長的會。

而是回過頭來，促使自己在遇到問題時，更深入的思考，自己要如何提問題？又期待得到什麼樣的結果？

> **在提問之前，先把問題拆解清楚，**
> **反而可以更有效地獲得答案、縮短溝通時間。**

1-4

這件事需要馬上得到答案嗎？
通常不需要

現代人都很急躁，眼前遇到問題，就馬上想得到答案。

但是，真的所有事情都需要馬上得到答案嗎？
或者說，真的現在非得要得到答案，
你才能接下去做目前手頭的事嗎？

在遠距工作溝通時，我認為工作者需要去思考的第二個問題。：
「這件事需要馬上得到答案嗎？」

經過深思後，你會發現，其實我們在絕大多數的工作場景內，並不需要立即得到答案！

為什麼這麼說，讓我一步一步拆解給大家看。

✿ 什麼期限內需要得到答案？

很有可能，你只是期限內需要得到答案。快一點可能今天下班之前、或者慢一點是兩天之內。

1. 這種狀況，你只需要透過即時通軟體，或者是專案管理軟體，通知協作者在某某時限前，必須繳交結果即可。

2. 如果怕對方忘記，你可以過一陣時間提醒他，或者是在繳交期限提醒他。

3. 如果對方真不交，那麼有可能是他做不出來，這時候可以事先聲明，如果執行過程有問題，可以個別溝通協助。

那麼，這時候你只需要在溝通時，明確告知希望在哪一個時限之前得到答案，沒必要「中斷對方」，硬是要現在得到答案。

如果真的是時限很緊急，就是現在要答案，大家也都能接受利用手機立即找人，只是尺度真的必須拿捏。

> 沒必要現在就得到答案的事情，
> 如果養成什麼都要對方立即給的壞習慣，
> 反而讓大家的工作流程都會彼此干擾。

❂ 沒有馬上得到答案，真的會害你無法完成工作嗎？

有時候，我們覺得無法繼續完成工作，其實只是不懂得工作拆解而已。

也許當下某個工作環節卡住，這個步驟其實只是件小事，只是以我們的順向思維，覺得這個步驟不當下解決，就會擋到自己後面的步驟。但是工作往往不是如此，其實換個工作順序，目前卡住的這件事，就不再是個擋路石。

我們要練習非同步作業，
指定對方在時間截止之內給你答案

有的時候，我們還是需要對方明確給我們建議。

但是這一類「不需要馬上」或「不可能馬上」得到的回覆，你可以使用「截止時間」這個概念，留言讓對方在你希望的指定時間之前回覆。這樣，雙方的注意力通道都不會被佔用。

他不需要馬上處理，可以等一下處理，你也不需要時時刻刻在線上等著他回覆。

一般來說，遠距工作者大概都是 30 ～ 60 分鐘之內，會固定的回公司聊天頻道、郵件系統，看看有沒有人找自己。所以，你也不會太晚拿到你需要的結果。如果好解決，基本上都能在 1 ～ 2 小時內得到答案。

除非這個答案沒拿到真的會讓你火燒屁股，或者是這個請求需要額外的即時說明，那麼這樣的案例時，我才建議你直接打過去溝通，而且是得馬上打過去溝通。

✿ 如果真的需要立刻給，那要怎麼辦？

基本上，遠距工作時，團隊都能理解沒有辦法馬上有 solution 的情況，鮮少是需要真的馬上解決的問題。但如果真的遇上呢？

這種十萬火急的情況，通常都是陰錯陽差出包了，時間不夠了，或真的緊急事項。

那麼最簡單的方法我建議有兩種：

- **不解。**
  - 有時候我們網站上出現緊急故障，像這種得馬上解，但是工程師又不可能真的馬上修復。這時候捏造個可以讓用戶安心的理由，反而是最佳解。而不是真的讓客戶在線等。

- **最「素」解。**
  - 通常出現在需要高度協調的設計案上，但是陰錯陽差時間不夠來不及了。這時候解法是去找出一個最有效果的「素」解，也就是先提供一個比較簡單版的解決辦法。

1-5

溝通前，先問問公司知識庫上找得到答案嗎？

絕大多數中小型公司，可能因為各種因素（如技術能力、創始人經驗），所以公司從未建置內部知識庫（Wiki）。

但是，如果切換到遠距工作模式，我認為建置一個內部知識庫（如 wiki），是絕對必要的。甚至不是遠距工作的團隊，一般公司團隊我都強烈認為需要導入知識庫。

為什麼呢？

有幾個重要原因：

- **許多工作中，很多同事日常要問的問題，多數都屬於「共同問題」。**
  - 比如說如何請假、公司編號、網路如何配置。這一類問題其實可以自助，不需要佔住大家寶貴的交流時間。

- **公司內有一些工作流程內容，屬於某些工作組的日常流程。**
  - 這些不成文工作流程與默契，是新來的同事不容易得到的，甚至一對一貼身工作都要學很久。但是如果放在公共知識庫，就可以大幅度降低新員工的學習曲線。

- **減輕關鍵員工的工作量。**
  - 有些知識，是特定員工才會的。這些知識說不重要也重要，說重要也不重要。關鍵是該員工如果請假，會搞得大家很頭疼。因為只能問他才能解決，逼得在辦公室的人與請假的人都很頭大。

- 留存公司知識。
  - 同時，最大的寶藏就是員工工作時共同的經驗與知識沉澱。要
    是這些工作經驗知識沒有在員工在職時留下來，每一個員工離
    職，公司都要花上鉅額的金額與時間才能填補。但反之，一個
    團隊若有知識庫，那麼公司的無形資產與實力壁壘會越來越
    厚，甚至產生後勁非常強的效率正循環。

這些「平常」的資訊，因為在辦公室工作時，很容易就取得，所
以很多公司並不會覺得內部建置一個共同知識庫的重要性。只有在
某些同事請假、離職，或者遠距工作時，才會覺得好像真的被戳了
一刀。

但是在遠距工作時，同事之間溝通的管道與次數嚴重被限縮。要是
連小事都要打斷彼此才能得到解決，那麼工作上實在太費勁了。

> 甚至你會發現，一天當中產生的 50% 問題，
> 其實都是這些「不成文」知識時，
> 「知識庫」的重要就會被突顯出來。

所以你該這麼做，開始請團隊將以下資訊建置成知識庫：

- 流程文件
- 人員手冊
- 一周裡面大家會互相問三次以上的各種問題
- 某些人請假就會嚴重被中斷的流程

我們會在後面的章節涵蓋關於建置知識庫的章節。

1-6
非同步協作，
遠距工作更好的溝通方式

⚙ 減少等待時間的浪費

什麼是非同步協作？我舉個公司內設計海報的例子。

在設計海報時，有些設計師的慣例是非得專案經理先決定主色，才能開展後續的設計。

當然，選定主顏色，再做出主視覺，在設計工作中是常規的流程。否則後續要調整設計中的部分細節，有可能造成大量修改工作。

所以設計師傾向追著專案經理，要專案經理在初期就定稿，等到整個企劃都很明確了再開展設計。

但是，這樣的工作流程，在遠距工作裡面，有可能是很致命的。因為雙方花在溝通 + 等待回應，多次一來一回的時間可能太長了。

> 在遠距工作中，最大的成本，
> 就是溝通中的「等待」。有時候等待的時間，
> 反而都夠你把原先的事情全部都做完了。

✿ 拆解流程細節，模組化工作

因此在遠距工作時，設計協作方式可能完全不同。

以海報設計流程來說，在遠距工作中效率比較高的方式，與其等專案經理先決定主色，可能是設計師先著手設計一個萬用版型，而這個版型至少適合幾個顏色的主色。

在雙方協作來回時，設計師一次出多個版本提供專案經理選擇，然後快速合併修改（比如合併方案 1 與方案 6 的設計，同時將右上角的 LOGO 刪掉）。這樣雙方就可以更快的達到一致的結果。

這樣在協作上，設計師就不需要花上許多來回時間，等待專案經理有空反覆修正才能進行設計。

這樣的流程技巧與與一般的工作常識不太一樣。

新的協作方式，比較像是雙方將原先一個完整的流程切的很細。彼此先猜測可能選擇的方向，先「多做」幾個版本。然後在溝通時，再決定要怎麼模組化搭配。

看似雙方「多做」了一些步驟與版本，但其實省下很多來回的溝通時間。

我認為遠距工作與在辦公室工作，提升效率最大的原則技巧，分歧點在於：

> **在遠距工作時，提高效率的重點在於**
> **「自己反而多花一點時間，猜測一些可能選項，**
> **甚至先幫對方做一些工作」。**

這種看似比較耗成本的事，反而才能提升雙方效率。

因為在遠距工作時，「等待」是最大的浪費。如果你想要最快得到答案。最快的方式，就是自己先造答案。

1-7

協作溝通，而非命令溝通

✿ 什麼是命令？什麼是協作？

上面我們解決了「等待來回次數過多」的溝通問題。但有時候我們去找同事溝通，並不是想問題，而是希望委託他幫我們辦一件事。

> **在遠距協作裡。一個更關鍵的技巧是：**
> **避免使用命令語句，可以的話，**
> **盡量加上「原始場景」以及「你的決策理由」。**

為什麼要這樣做呢？舉個例來説。如果我跟同事身處在辦公室。這句話當下可能沒問題：「我要做個活動，你可不可以幫我製作個LINE 用的海報？」

但是在遠距工作裡，這樣的表達，可能是很不好的句式。

我們在辦公室時，因為場域使然，大家都聚在一起。原本這一句話面對面講沒什麼問題，是因為因為辦公室訊息量龐大，設計師可能當下就心領神會這張海報是抽獎需要的海報，需要在視覺上凸顯「獎」這個元素。

但是當在遠距工作時，「空氣」就消失了，設計師難以意識到這張海報的原始用意是什麼。所以只能按照他的直觀與直覺作。等到你拿到結果，才跟他說方向作錯了，我們要凸顯「抽獎」的元素。

這時候要退回去做，可能還需要一天的時間。

✿ 溝通時加上場景與理由

所以換到遠距工作時，正確委託他人的方式，是要不厭其煩的在「命令句」下，加上「原始場景」、「你的決策理由」。

比如這樣說：

「我們因為要在 event 裡面提高活動參與率，我的想法是在活動時也提供抽獎。所以是否可以幫我做張海報，裡面強調參加能抽獎，以提高活動參加率？」

在請求句式前面，加上原始動機以及決策場景的好處，是對方能夠更理解我的意圖，能夠更做出貼近我需要的決策產品。

> 這樣溝通的好處是，對方理解意圖後，
> 可能比較容易順勢貢獻出更省時的另一個建議，
> 或者是結果。

例如在這個例子之下，他可能就會反問：「是不是跟我們過去作的那一檔 XXX event 一樣，如果是的話，我一小時就能改給你。」

如此一來，原本團隊預計要 4 小時才能拿到第一版結果，這下子，可能 1 小時就拿到可行的版本了。

1-8
改善交件技巧，
提升遠距工作效率

我們談完基本的「send request（請求）」技巧。接下來我們要談「respond（應答）」技巧。

respond 技巧有兩個方向，以下分別說明。

⚙ 製作額外說明

> **這是我長年養成的工作習慣，**
> **每次交出自己的工作，**
> **必另附上使用說明以及 FAQ。**

你會覺得，這也太麻煩了吧？真的要事事都這樣做嗎？

是的。真是要這樣做，其實不只我，這一條工作習慣甚至是我們公司的「工作內規」，甚至寫進流程裡面。

這一張截圖是我們公司內部提交的 Github Pull Request。 Pull Request 是技術人員提交程式碼的一種方式。我們內部有訂製的模版。

我來為大家解說一下。

- ■ 第一段 Redmine Issue Link：
  - Redmine 是我們公司的專案管理系統，所以這一段的意思是，他是根據這一張 Ticket（專案管理系統上的管理事項最小單位，可以理解為需求單），去實做這個功能的。

- ■ 第二段 Changes：
  - 是指這段程式碼，改變了什麼「值得注意」的原有結構。

- ■ 第三段 Screenshots：
  - 如果這段程式碼，牽扯到畫面大幅改動。或者是引入了新設計，那麼我們應該會看到什麼結果。

■ 第四段 Notes：

- 注意事項，如果這張票改動的部分太大，程式設計師內心覺
得有任何不妥，有一些想要特別提醒隊友的部分，應該寫在
這裡。通常，我會將 Pull Request 如何使用的操作指南也寫在
這裡。因為，我們在實做程式碼時，有時候背後的邏輯演算
法，或者是操作步驟，只有原始開發者知道而已。而提交 Pull
Request 後，審查的是另外一位程式設計師。如果這支 Pull
Request 沒有額外說明的話，有時候光看懂代碼就需要花很多
時間，甚至掉入坑裡面。

- 所以我們規定提教程式碼的時候，原作者需要主動介紹說明程
式碼背後的原始設計意圖、如何操作以及如何複製正確的使用
步驟。

■ 第四段 Risks：

- 這段程式碼，背後有什麼隱藏的風險嗎？

- 當程式設計師提交程式碼後，這一段程式碼基本上在公司流程
裡面，大概兩小時就會被他的上級或同事逛到進行審批、甚至
過審部署。有時候我們會先拉了 Pull Request，但實際上還沒
做完只做到一半。先拉 Pull Request 只是為了要跟隔壁的更好
協作，不希望馬上進審。這時候我們就會在 Pull Request 標題
標上 WIP（Working in Progress）。 提醒路人這是半成品，不
要跳進坑裡面。

- 有些程式碼因為涉及到架構大變更，在正式上線時需要獨立
大量測試，並非只是單純需要別人給評語，這一類的票會強
制需要在 Risks 上註解這件事，以利最後負責部署的 Release
Manager 安排人手測試。

- 有些程式碼涉及到數據庫結構改變（新增欄位、或者刪除欄

位），或者改寫大量數據，這也可能為線上正式系統引入風險，必需要在 Risks 特別提出，以利 Release Manager 手動操作（甚至在部署之前對正式數據庫做備份，以免部署了之後倒站）。

- 總之如果原作者，認為自己提交的這份程式碼，會對系統或他人造成重大影響，必需要在此欄位寫明。

這一段工序在我們的開發團隊裡面，屬於「強制性流程」。

因為，其實閱讀他人程式碼是一件非常辛苦的事，程序上我們得先理解別人程式碼的意圖。再來審批這些程式碼的合理性、安全性，並且提出改善建議。並且，有些程式碼的修改涉及到重大變更。或者是需要特定的步驟才能正確的測試。

為了節省其他人的時間，以及避免將線上系統置於危險之地，因此通常優秀的開發團隊內規往往會要求隊員提交程式碼時，就需要先把相關的疑慮先說明清楚。沒有寫清楚的「無公德心」程式碼（比如說大量浪費程式碼閱讀時間、引入重大結構改變卻不事先說明，不知道如何操作等等），通常會被拒收，直接要求補件。

而我本人更是有一個額外的習慣。我在開發完一些重大的程式功能之後，甚至會製作相關教學以及 FAQ，提交到公司知識庫裡面。

> **為什麼呢？因為如果其他人想要學習，或者研究，就可以「不需要再來問我」。**

一個問題的回答，通常只要 10 分鐘。被問一次好像沒什麼。但是如果是 5 個人呢？那就變 50 分鐘了。

更何況，在工程上，很多時候要製作一個功能，光靠嘴巴說，也是蠻難講清楚的。所以，我總會主動自己先寫 FAQ 或者是設計文件。節省大家發問的次數。長久累積下來，就可以解省很多的時間，並且累積團隊的實力。

過去我有一些讀者疑惑，為何我常能寫出強大的教程。其實就是這種長年工作習慣培養出來的。只要我覺得一個問題我可能會被問很多次，我就會主動寫 FAQ 或教學！

⚙ 製作良好的 FAQ

在工作交接時，附上撰寫完善的 FAQ 可以避免協作同事踩坑，並且提升協作效率。

那麼，我們要怎樣寫出「夠好」的 FAQ 呢？

這是一個好問題。

對方都還沒有拿到成果，開始試用，怎麼樣知道他們會遇上什麼問題呢？我們又不是神仙懂「通靈」。

事實上，還真有通靈的公式，知道別人會問什麼問題。

這套方法，我是從以前研究 Growth Hack 這門學問時，提煉出來的一套方法，叫做「Onboarding」。

Onboarding 一詞原詞來自指 HR 領域，新人入職的一個流程。HR 領域，對於新人來報到的流程，研究的非常深。因為公司招聘一個新人，往往要花上很多成本，要是做不好 Onboarding，之前的招募成本就像放水流了。

同理也套用在客戶購買流程上，要是好不容易讓客戶注意到我們，卻沒有好好回答到客戶的問題，讓購買體驗充滿瑕疵，客戶氣沖沖的走人，那不是很可惜嗎？

Onboading 有一套 8 個問題。我們先進行預填，通常可以猜到對方會碰到的 80% 問題：

1. 在開始前，用戶會問你什麼問題？

2. 在第一次使用前，用戶會忘記做什麼會讓使用者體驗搞砸（最常客訴的點）

3. 用戶最常做了什麼「正確的事」達到很好的體驗？

4. 用戶最常做了什麼「錯誤的事」結果收到很糟的體驗？

5. 東西售出後，你如何檢驗它們做了「正確的事」或者是「錯誤的事」？

6. 顧客如何　絡你修正問題？

7. 你怎麼做事後補償的方案？

8. 你希望它們如何事後幫你行銷？（或分享使用感受）

當 8 個問題被填完。通常一份妥妥的 FAQ 與注意事項也完成了。

舉個例子，假設母親節，我要送一支新的 iPhone 給我媽媽。我媽媽是第一次用 iPhone 手機。如果他不會用的話，可能會花很多時間問我怎麼用，體驗會很差。

所以我看著問卷，發現他可能會問我，要先裝哪些軟體。字太小要怎麼調，如何拍照片等等。而且遇到要調字體設定或者要輸入通訊錄的時候，可能會不知所措。

於是我可能就會幫這支手機先裝一些軟體，比如 FB 或 LINE。並且把字體調到最大，並且將通訊錄裡面輸入我的電話號碼。

再寫一份說明，請我媽媽找我妹妹幫他申請 FB 帳號、LINE 帳號、換 Sim 卡。如果真不懂，可以直接按通訊錄的電話找我，或者到附近的通訊行給 500 元請店員教他使用。

如果 FB 帳號與 LINE 申請好，可以使用拍照功能，拍幾張孫子的相片傳到 FB 上面。

這樣就可以提升我媽媽用這支 iPhone 的體驗與感受，而且降低我跟他溝通以及教學來回的時間。

關於 Onboarding 的更多案例，可以在我撰寫的另外一本書《閃電式開發》找到到拆解更加詳細細緻的步驟案例。

1-9
遠距溝通更要注意「口氣」，多點「友善」

當在實際遠距工作後，除了返工（工作退回重做）問題。還會遇到一些小小的「交流」氣氛問題。

因為遠距，大家又需要緊密的換手工作，有時候，當自己交出的成果被大量退回，或者協作方老是出錯，那真會讓人氣餒。

「這做錯了」、「這不是我想要的」、「你害我浪費這麼多時間還差點時程爆炸」這些字眼，可能就會不經意在對話裡面冒出來。

你可能只是小埋怨，或者只是使用開玩笑的口氣責備，這些「用詞」在面對面溝通時，可能還不會造成太大傷害。在線上交流時，可能瞬間就如同炸彈一樣炸開。

> **在遠距的聊天軟體裡面。這種缺乏上下文，以及缺乏表情的表達，可能就會變成很重很重的責備。讓你與同事的關係嚴重惡化。**

程式設計師在開發時，有一道過程，叫做「Code Review」。Code Review 就是當程式設計師寫好程式碼之後，必須將程式碼提交出去，讓上級、同級同事做程式碼審核。確定沒有低級錯誤，或

者是粗劣設計，才能被合併提交進入線上正式環境部署。

然而，人無聖人，一段程式碼提交出去，不太可能是完美無瑕的。所以程式碼提交出去沒幾分鐘，這些程式碼可能就會收到很多改正的評語。

而評語都半是「字」組成。所以有時候在 Code Review 時，有些同事心一急，太直接可能會這樣寫：

- **這裡寫錯了**
- **你怎麼會這樣設計**
- **這是明顯的 bug，你送出之前不檢查嗎？**
- **我拉下來後不會動**

有可能他們寫這些評語時，只是第一直覺反應。旁邊看的人也許也覺得沒什麼。但是收到評語的人可能就會很不好受。甚至要是提交者與評審者平常感情不好，當場就會起衝突。

因為代碼審查語氣太過直接，所造成的團隊不睦，在程式設計師圈多有所見。

所以，如果你搜尋「Code Review Best Practices」、「Better Code Review」，你會發現關於這類議題簡直是一大堆，就是防止審一審整個團隊打起來。

有一個在 Code Review 界的實務操作，我覺得挺值得借鑑在遠距溝通技巧上。也就是將這些「直接語氣詞」，修飾成更好的版本：

- **這裡寫錯了**
  - → 這樣寫更完美 :)

- **你怎麼會這樣設計**
  - → 可能我之前沒說清楚

- 這是明顯的 **bug**，你送出之前不檢查嗎？
  - → 這個 bug 帶給我小小的困擾
- 我拉下來後不會動
  - → 是不是我操作上有錯誤

> 凡發文記得一定要多加表情符號「:)」，因為遠距，大家耐性都不夠。有時候一句沒有惡意的評語，可能對方今天剛好吃了炸藥，瞬間脾氣就點燃了。

在給 feedback 時，多加一個表情有好處，真的沒有壞處。

你會疑問。程式設計師平常都這麼表裡不一，寫評語還要包裝一遍嗎？

並不是。

相反的，程式設計師極度直接，程式碼評審裡面，最常出現的是「無感覺的粗魯版本」。甚至，它們平日跟 PM 講話，也是那種版本，因為在程式設計師的世界裡面，只有正確、錯誤與速度。

這也是正常人與程式設計師相處比較受不了的地方。正常人常會覺得程式設計師往往在溝通上過於直接，傷害隊友感情。

但我必須要說這是一個職業上的後遺症，要是寫個意見要花這麼多時間包裝，反而會佔住程式設計師的思考資源。只是說話過度直接，真的在快速協作時，容易引爆協作者情緒。所以後來才衍生了必須要有一個「語氣翻譯指南」。

不過，說話好聽一些總會有些好處。

況且，遠距工作的時候，大部分時候你見不到同事的臉，如果你與對方先前沒有搭檔過，或彼此實在不熟。過於直接的反饋，帶來的不是效率，可能是濃濃的敵意。

一些好的溝通小技巧，總能提升多一點的效率。

1-10

建置公司知識庫，阻力會很大。真有必要建置嗎？

　　這一章節中，提到一個重點是，利用「公司知識庫」，來減少遠距工作的溝通問題。

　　但是，很多公司，之所以內部沒有建置知識庫（Wiki），卡在內部幾個原因：

1. **員工懶得寫**
2. **老闆、Manager 覺得沒有必要**
3. **員工擔心自己工作沒保障**
4. **老闆擔心公司關鍵技術流失，或者洩密**

　　只有少數一些公司與主管與意識到建置知識庫的好處。

　　這裡我可以針對一些讀者常見的疑慮，統一做回答。

✿ 寫知識庫真的能增進團隊實力呢？

　　能，絕對能。

　　一些朋友。往往羨慕我過去所待團隊的技術實力。總覺得怎麼只能這麼少人，就能做這麼大的事。

　　其實背後的大功臣，就是知識庫。

我帶的每一個團隊。幾乎背後都有一個龐大的知識庫。

說個技術圈故事，但這還不是瞎扯。我過去曾經服務某出版集團的技術部門，其知識庫豐富程度，甚至到了很多程式設計師耳聞該知識庫的傳說，視為自學寶典。踴躍報名入職該公司。

團隊知識庫的好處有幾個：

1. 新人能夠快速上手

我們公司許多職位，都有工作手冊與七天上手訓練指南，不管是程式設計師，或者是客服。

原因是這些工作都有高度共同作業流程。這些作業流程說簡單不簡單，說不簡單也簡單。但就是帶入門需要老手的時間與整個團隊的遷就。

因為我們有了相對豐富的知識庫，其實許多基礎問題，新手自己一查就找得到，能夠很快解決基礎問題，大大節約了團隊的時間。

2. 降低常見問題帶來的打斷

程式開發團隊裡面，會有非常多的「豆知識」。這些知識說重要不重要，說不重要但其實也有重要的時候。說大不大，說小也不小。

但是就算是自己曾經解過類似的問題，有時候也忘記過去曾經找到的答案。更不用說可能這些答案，是同事解出來的。

開發程式往往是高度專注的工作，程式設計師非常厭惡被人打斷。所以一個高效能夠自助上手的知識庫，能夠巨大的提升程式設計師的開發效率。

3. 沉澱實力、解放重複

有些團隊內部可能擔心 Job Security 的問題。怕寫了文件以後，自己就是個可有可無的隊員了。

這樣的情形其實根本不存在。

一般員工對於寫文件有個經典迷思，就是寫文件就是讓自己有可取代性。所以不想寫文件。

> **但真實的情形是，我也當過員工，我發現身為員工，要有高的「被取代性」，才有機會升職。**

因為職場上。我們每天遇到的是大量的重複性工作，如果你將知識藏著，後面可能會演變成某些大量的工作變得只有自己能夠做。

剛開始你可能會覺得自己變重要了。但久了以後就會發現不對勁。因為你的工作會大量充斥著你這些不得不做的重複性工作，而且除了你之外沒人能接手。

你覺得厭倦，但是公司也很無奈，因為其他人接不了手。你想接新任務，老闆卻不准。因為老闆覺得你原先的工作太重要了，最好不要分心搞其他的。 。 。 。你很難請假，因為這個業務只有你會。假日出事了，你還要緊急接電話處理。

最後你覺得這工作爛透了，要辭職。最後你損失了，公司也損失了。

我在年紀很輕時，就發現了這樣的惡性循環。

> **如果要讓自己升職進步工作輕鬆，**
> **最快的方式就是寫文件、教別人。**

為什麼呢？

1. 因為自己教會別人，還寫了一份文件，以後有同樣的新人就不用再浪費我的時間，甚至可以直接把工作交接出去，自己去挑戰新技能。
2. 解過的問題寫成文件，別人要問我的話，直接扔給他一份連結就好，連話都不必跟他多說。
3. 請假時，因為一些關鍵流程都在 WIKI 裡了。只有非常非常重要交不出去的東西，才需要找到我，其他狀況，職代都能看 WIKI 解決。
4. 自己以前踩過的坑，不需要重新研究一遍。
5. 因為願意教別人，有大量時間可以玩新東西。所以，老闆很賞識我。

我有時候還會假日時，把一些程式設計師界共用的知識流程，發表整理在我的部落格裡面，這些最後也沉澱成為我職場資產的一部份。

4. 產生正循環

當我開始習慣寫文件、釋出文件後，同事耳濡目染也會開始養成寫文件的習慣。

無形之中，整個 Team 開始因為這些文件解放自由，更有時間去探索、學習新的方向。而不是原地踏步一直在幹同樣的事情，陷在同樣的問題。

同時間，因為有知識庫，我們也開始認同沒有必要去打斷其他人或者廣播其他人，只是為了問一些雞毛蒜皮的問題。有事直接上知識庫查或者寫到知識庫就好。

工作上很多時候，不得以去打斷他人，往往只是為了求教於同事一件小事而已。

所以。如果你想要提高團隊的溝通效率。

而團隊裡面沒有知識庫的話。我建議盡快架設一個。你會發現，架設知識庫之後，團隊的生產力會得到很大的噴發。

✿ 機密流程洩漏該怎麼辦？

當然，不是所有流程與問題都能上知識庫。有些團隊會害怕流程能夠讓團隊存取，將來有人叛變。會造成商業上的損失。這裡我覺得可以切成幾個問題去思考：

1. 將共用流程整理上知識庫帶來的好處，是否遠大於不寫知識庫的好處？

2. 機密流程佔整個公司的知識庫的多少百分比？

3. 你的機密流程一到競爭對手或讓公司同事自起爐灶，就能造成你商業上嚴重的打擊嗎？

4. 公司同事入職，你是否讓它們簽訂過保密協定以及洩密懲罰條款？

當你思考過這幾個問題，也許你就知道如何構築防火牆，以及拿捏流程進知識庫的尺度在哪裡。（我們會在資安篇深入繼續這個話題。）

✿ 如何促成大家喜歡寫知識庫？

我們團隊有一套標準做事流程：

1. 平日在工作系統裡面，詳細紀錄自己工作時遇到的狀況，方便同事換手。
2. 在當週結束時，將一周之內最常遇到的重複工作流程，整理成一篇文章 +FAQ，放上知識庫。

而詳細紀錄自己工作時遇到的狀況。這件事是「強制性」的。

有兩個好處：

1. 別人換手時可以知道發生什麼事。
2. 因為這個動作是順手的。有寫有記憶。這樣寫知識庫時回憶就不會太痛苦。

一旦人只要覺得麻煩，就不會動手想做。同事之所以不想寫文件，是因為太費力。

所以一定要將這個習慣動作，整合到日常的小工作流程裡面，大家動手的意願才會高。

PART 2
專案接力篇

2-1

遠距合作為什麼
一定要導入專案管理系統？

✿ 被無限放大的換手接力時間

這一章節，我們要談的是在整個專案工作流程的接力合作問題。

在公司裡面，絕大多數的工作，並非是由一人獨力完成。而是多人接力完成。

許多人轉入 Remote 遠距工作模式時，覺得效率大減的原因是：

> **在辦公室裡面，這些微小的「接力時間」，**
> **到了遠距工作時被放大了。**

在辦公室裡面，跟你協作的往往是固定兩三個人，甚至你們的座位也坐在一起，這些專案在接力時產生的溝通成本很低。甚至也不需要有人主動負責把控進度。

反正，如果進度對不起來，幾個人關在會議室，面對面坐在一起改，總能做出成果。

但是，這樣的便利（其實換個角度，是不好的工作習慣），在遠距工作中就會消失了，而這樣的習慣帶來的時間浪費，就會被數倍

放大。

那麼，我們如何在遠距工作的過程中，進行有效的「換手接力」，把大家一起合作時的生產力帶回來呢？

⚙ 不能用「讀空氣」來理解專案進度

如果你公司有遠距團隊，卻沒有任何一套專案管理系統，我建議你立刻裝一個。因為沒有導入專案管理系統，後面我教各位讀者什麼技巧都是枉然。

遠距工作的接力成本，是因為原本辦公室裡面，進度「飄在空氣」裡。

所以要知道一件事的進度，只要走進「空氣」裡面就可以了。

問題是在遠距的時候，「空氣」就消失了。

> 於是團隊需要一個「可以看見的空間」去展示這些進度。這個「空間」就是「專案管理系統」。

事實上，原本在辦公室裡利用「空氣」來讀進度，也往往會導致進度不明確、專案細節遺漏，不知不覺效率降低等等問題，只是以前我們沒有發現，而這些問題將會在遠距工作被放大。

在我還不是職業程式設計師前，我曾經以為協作是很簡單的，兩個人一起工作，頂多用 email 或者 skype 軟體（當年流行的即時通工具）互相溝通需求就好了。

後來變成程式設計師以後，才發現協作這件事情並不簡單。

大家可以猜一下，一個小型網站項目，在上線之前，需要完成多少子項目？很多人可能會猜 100？200？300？總不可能是 500 吧？

答案是 600 個！我生涯當中做過很多專案，一個網站要上線，就是得經過這麼多道工序。

以我上一個專案：「比特幣交易所」為例好了。當時這個專案是 35 天之內寫出來的，即便我們在上線前已經盡量壓縮工期，以及工作項目了。

但是，這個專案的開發與上線也是花了至少有 600 道任務。

只是一般來說，一個網站通常 3～4 名程式設計師就可以完成，而我的那個專案網站是由大約 10 名程式設計師接力完成。

35 天，接力進行 600 個任務，還是 10 人的大隊接力。對一般非軟體從業界的人來說，聽起來簡直是天方夜譚。

> **在這麼短的時間，數量這麼多的任務，這麼多的參與工作人員。究竟要怎麼協同安排的呢？很重要的一個因素：就是公司裡面要有專案管理系統。**

一般行業，幾乎很少聽聞有導入什麼專案管理系統。

是因為絕大多數的小型團隊，多屬於下面這類場景：任務少且單純、人數 3~5 人，且都坐在辦公室。

只要轉頭「讀空氣」就能得到答案，進度追蹤也只要問責組長，因此根本沒有什麼上專案管理系統的必要。

但是，在程式設計師的世界裡面，因為工序之多、迭代速度之快。即便是「讀空氣」，也追不過來。

所以，專案管理系統，在程式設計師界非常的盛行，基本上是標配。但這樣的方法，正好適合想要轉換成遠距工作模式的你的團隊。

⚙ 協作，不只是「溝通派分」，還牽涉「優先權管理」

沒有用過專案管理系統的人，很難想像為什麼需要這種東西。但是我用下面這個例子，這樣解釋你就明白了。

你有可能遇到過這個場景，工作涉及的人真的很多，事情有可能很雜。

這時候你可能會拿出 Excel，去將要做的事簡單分梳一下，紀錄優先權以及完成時間。

其實，這樣就算是一個「小型的專案管理系統」。

而程式設計師用的只是更細緻、更自動、可以多人合作的版本而已。

我們之所以要用上專案管理系統，是因為當涉及到較複雜的協作。並非只有「溝通」讓人頭疼。

還必須解決下面幾個重要問題：

- 一個專案裡面有那麼多的細項工作與成員，如何分配工作？
- 而每項工作有自己的「輕重緩急」以及「優先權管理」，不好好管理很容易發生踩踏事件。

- 再來，每樣工作什麼時間點開始做？做到哪些進度就好？
- 哪些項目是緊急需要優先的，那些是可以稍後再做的？

很多時候，專案一大、待辦事項一多、組內成員一多，原先的「空氣式管理」會根本沒辦法用。

我見過許多草創的創業團隊，內部根本沒什麼專案管理軟體，溝通需求都是聊天軟體、Email 滿天飛，最後自己再用「個人 GTD 軟體」管理自己什麼時候需要回覆什麼信。

平時還勉強硬付的過去。

但是，如果遇上趕工，老闆又衝進來一時大吼，你們誰誰誰，可以跟我講一下現在進度嗎？估一下還要多久才能完工？想要提前上線可以嗎？

我想，就算是專門跟著此案的專案經理，如果事先沒有用專案管理系統規劃，一時之間也說不出個準。

> 這是因為，絕大多數的工作團隊的進度，
> 往往存在工作團隊兩兩之間。
> 但是，沒有人能夠知道整個項目是長什麼
> 樣子的，又還差多少內容達標。

引入專案管理軟體，就是可以讓團隊成員知道，項目裡面到底有哪些工作還沒做完，而這些工作，進度又到哪裡了。

不只是老闆，「任何人」進到專案管理系統，都可以一目了然，大概知道、即時追蹤到現在的工作進度。

關於專案管理軟體如何提升工作效率的細部介紹，我們會在第四章深入詳細介紹。這裡只是先給各位讀者一個概念。

> 如果你要引入 Remote 工作型態。
> 專案管理系統不是 Nice to Have，
> 而是 Must have。

2-2

建立以專案管理系統
為軸心的遠距協作流程

✿ 減少你的溝通合作錯誤

我們在工作時，常常會遇到以下的狀況：

- **A 團隊成員說他正在做，但是三天卻沒有任何進度，到第五天以後你發現他完全做錯了。（通常這會發生在新手成員身上。）**
- **設計師說他晚上工作才有靈感，但是他老是凌晨四點才睡，下午一點才來公司。整個早上你根本拿不到他的檔案，只能空等。**
- **大家都在做同一個專案，但是大家沒說好，導致兩個人都在做同一個方向，浪費生產力。**
- **有一些工作、決策，只存在 A 與 B 之間，但 C 與 D 不知道。變成出事的時候，根本不知道當初為什麼要這樣設計。**

或者是 A、B 討論的很 high，而且已經覺得它們討論的內容進度全 team 都知道了。但事實上，真的只存在 A 與 B 的聊天記錄裡面而已 ......

這不只是存在遠距工作，而是真實存在日常工作裡面。只是在遠距工作裡面，這樣做的壞處，會被放大一百倍而已。

所以這時候，團隊需要一套專案管理系統，大家只要上專案管理系統，就能掌握整個團隊的任務分配、任務優先權重、任務時程，以及整個專案的目標進度。

尤其遠距工作，一個專案管理系統，可以減少很多溝通出錯、費時的問題。

⚙ 任何工作必須「開票」，才不會浪費溝通時間

我們如何解決這個問題呢？

> 在我的團隊裡面，有一條鐵的內規：凡做事必開票（Ticket，專案管理系統上的最小工作單位，你也可以理解是一張需求單、一張任務卡片、一條團隊代辦事項），不開票就不做。

就連我身為老闆或團隊負責人，都需要遵守，就算我口頭交代了屬下，事後我也要馬上要補開一張票，放入專案管理系統中。

為什麼呢？

> 因為工作放進專案管理系統，才能有效的追蹤進度與生產力，降低誤解，降低打斷次數。

如果沒有 Ticket，我只是口頭交辦、郵件交辦、即時通交辦，那麼後續如果我要追蹤這件事的進度，我甚至必須向對方時時詢問，對方也要時時跟我回報。如此一來，溝通干擾豈不是很頻繁嗎？

更何況，沒有規定回報的地方，我一下要 check 即時通、一下要 check email、或者是走到他旁邊問。如此一來不是更煩嗎？

團隊裡面其實大量的打斷與溝通場景，其實都被耗在這裡了。

✿ 只有軟體團隊適合專案管理軟體嗎？

有一些非技術團隊的朋友，曾經詢問過我，是只有軟體團隊才適合導入專案管理軟體嗎？

> 其實，我認為只要 2～3 人以上的協作項目，
> 就應該導入專案管理軟體，
> 有了專案管理軟體以後，各種訊息的交換，
> 文件的傳遞、進度的追蹤，會變的更加便捷。

這裡舉我過去兩本書《Growth Hack 這樣做》以及《閃電式開發》為例，這兩本書的責任編輯「電腦玩物」站長 Esor 的一篇文章「為什麼大家愛用 Trello ？最佳整理教學讓事情井然有序」

https://www.playpcesor.com/2015/06/trello.html

他自己在製作新書的時候，就是利用 Trello 這個專案管理軟體，管控新書進度的。

為了要出版一本新書。 Esor 除了要跟作者溝通協調進度之外，

一本書的發行也需要同時跟很多出版社單位協作。諸如美編、校對、印刷等等。沒有一套好的 Tracking 與協作系統，有時候出的書一多，事情真的很容易會漏勾。

如果各位想看 Esor 示範怎麼樣管理一本書的出版。這裡是 Esor 的示範網址：

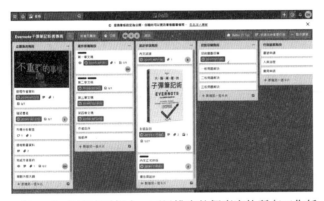

在 Trello 的專案看板上，可以排出整個專案的所有工作任務、進度流程，分配任務與時間。

在 Trello 的一張任務卡片，可以拆解這個任務要做的行動清單，整合這個任務的相關資料。

2-3

要做好協作，
你需要隨時更新工作進度

✿ 任何進度必須要更新在票上

更甚者，我們公司還規定，有任何進度必須更新在 Ticket 上。這是什麼意思？所有的任何進度，包含：

- 實做時遇到的 **bug**
- 寫的簡短代碼筆記
- 找到的相關資料網址
- 開發時的畫面截圖
- 與對外窗口交涉時的對話 **LOG**
- 等等

> **總之，把專案管理系統，當作工作筆記用。**

這不是因為我身為老闆，對工作進度有強烈的控制慾望。而是，事實上這是「提高接力效率」的有效方法之一。

有時候，一個子任務，並不限於一個人完成，有時候會出現以下的狀況：

- 原任務實做者，能力有限，無法突破。需要他人接手，如果沒有之前的研究筆記，那麼接手救援者，又要花費同樣的研究時間去鑽研。

- 原任務過於復雜，有多個備選決策 A、B、C。然而因為諸多考量，原任務實做者選擇了 A。而接手者會疑惑他為什麼不是選擇 B、C。但因為缺乏上下文，有可能接手者覺得 B 更高效，於是擅作主張，在接手時改成了 B。但事實上選擇 B 可能會有嚴重副作用。原任務實做者已經試過行不通，所以才選擇 A。

這些隱藏的效率陷阱、效率地雷，都可以靠身為工作者的自覺，在專案管理系統的任務（票）中更新進度，得到很大的消除。

這就是為什麼這條工作習慣，後來變成我們團隊的內規的原因。

✿ 將票的更新轉化為參考文件

在前一章中，我有提過我會要求團隊將工作記錄在工作系統中，這個系統指的就是專案管理系統。

之所以「半強迫」團隊成員要更新進度在 Ticket 上，很大的原因在於，當我們在實做時，把這些進度或 Bug 訊息，貼去票裡面是毫不費力的。

而當工作完成後。要寫指南，基本上也只要複製票裡面的內容，很快就可以修改成一篇指南。

一些朋友總會疑惑，為什麼我老是有時間寫 FAQ 以及工作接手指南，就是拜這個小習慣所賜：

- **STEP 1**：工作時紀錄更新、疑難雜症至專案管理系統。
- **STEP 2**：週末整理該週工作變成一篇篇文件與指南。

- **STEP 3**：每個月發表可公開的知識到部落格。

就是遵守這樣的循環。

如果不用這樣的方法，平日要一個團隊成員憑空的寫出一篇文件，基本上非常困難，愈難大家就會越沒有動力，而團隊愈少這些文件，效率就會更加低下，陷入負面循環。

> **這就是為什麼我將「工作更新」，**
> **列為團隊強制開發習慣的主要原因。**

一個新的團隊成員，新加入我們的開發團隊。第一個要接受的訓練，就是「寫正規格式 Ticket」的習慣養成練習，提交的工作內容與 Ticket 必須要有一定程度的說明與更新。如果他拒絕接受這個習慣，只願意單純提交代碼，而不願意記錄工作內容、寫筆記。我們會直接請這位同事離開團隊。

因為這樣的人，會造成我們團隊裡面具有很大的訊息黑洞與協作障礙。

我們對於這個習慣的養成十分堅持。這就是為什麼我們團隊幾乎個個的都是文件能手。

而我為什麼寫起文章與文件絲毫不費力。因為這樣的工作流程，早已深入我們的骨髓基因裡。

2-4
利用「站立會議」
提高協作效率

✿ 有效的工作，就在如何換手合作

我的公司有個規定，在平日工作時，我們會在大約中午 11:00 左右，各部門會有一個小會，大約 10 分鐘，這個會議叫做「Standup Meeting」。

Standup Meeting 故名思義，叫「站立會議」。這個會議真的是「站著」開的。為什麼要「站著」開呢？因為站著開，大家才不會「廢話太多」。

在站立會議中，報告格式是這樣的，你必需要在一分鐘內報告以下事項：

1. 我之前已經做了什麼？
2. 我現在要做什麼？
3. 之後我要做什麼？
4. 我需要其他人幫我什麼忙？

每天舉行一次這樣的站立會議，有助於整個工作小組清楚專案內每個人的目前進度。避免工作進度互撞，也同時清楚同事可能的前進方向。

> **值得一提的是，「我需要其他人幫我什麼忙」**
> **這個環節相當重要。**
> **我們團隊相當鼓勵大家在站立會議裡求助。**

這是因為有時候個人能力有限，與其蠻力硬解，不如交棒給更擅長的同事接手，可以更快的得到結果。

比如說我擅長後端開發，前端特效我略懂但是並不擅長。在站立會議中，如果我在實現這個功能時，遇到類似問題，我就可以很快的 hand over 後續的工作，給其他更擅長的同事，而非自己繼續花三天去拚命地做。

✿ 換手協作時，工作記錄非常重要

而這時候，清晰完備的工作記錄就很重要了。

如果我原先的 Ticket 內容，已經記錄了我之前遇到的困難、掙扎，曾經嘗試的方案。

這時候接手的同事，就不用跳我之前的坑，同時，我需要的效果在裡面也寫的清清楚楚。可能他只需要花十分鐘就能重現環境，然後 3 分鐘之內，就把原先我可能要掙扎 3 天的困擾解決掉。

所以，許多工作習慣真是一環扣一環的。如果我們沒有強制更新工作記錄的規定，交接工作時，對每個人來說幾乎都是一件成本高昂痛苦的過程。

所以要建立高效的接力過程，一些看似詭異的工作流程與習慣，真的是非常必要的。

看似多做一道工，其實反而是提升整體效率。

2-5
公德心，
有意識幫助夥伴節省時間

若要我總結圍繞著遠距工作接力的一個核心關鍵字，我會說是：「公德心」。

因為遠距工作時，返工重做，是一件成本很高的事。

那麼是什麼原因造成任務重做的浪費呢？團隊成員有沒有「公德心」就是一個很重要的關鍵。

> **我們團隊裡面評量「公德心」的一個關鍵就是：**
> **交出的工作內容，是不是能讓其他人馬上接手，**
> **或者可以馬上部署。**
> **盡量的去幫他人節省工作時間。**

浪費他人時間的行為，我們會視為「謀殺」（真的是啊！既生氣又要浪費時間擦屁股，的確是減少壽命的行為）。

那麼，如何培養公德心呢？

我會歸納為三個原則：

- 透明

- 廣播
- 接口

✿ 透明

所謂透明，就是工作進度透明。

老實說，都是同一個公司的，創造的成果也是大家共享。實在是沒必要藏招藏進度。越藏只是越造成損失而已。

知名對沖基金管理者 Ray Dalio 也是這樣形容自己的公司橋水基金：「Radical Transparency」。唯有幾近透明，才能有效的提高公司效率，創造更好更豐碩的成果。

當然，寫到這裡，你會擔心機密洩漏的問題。這一個議題，我們會在本書後面提出解決方案。但一般來說，在公司裡面，進度真的是沒什麼好藏的。

> **一般來說，在不涉及商業機密的前提下，**
> **會想要進度不透明的狀況，**
> **往往只有害怕暴露自己弱點與效率的原因而已。**

所以，打造遠端協作環境時，團隊 Leader 的態度是一個很關鍵的因素，團隊 Leader 要負責創造一個可以讓團隊成員大膽承認進度趕不上、承認犯錯的環境。

> **必需要讓團隊知道，如果真做不來、做不出來，
> 一切都能提前換手，溝通解決。**

✿ 廣播

而第二個原則是廣播原則。

讀者會很好奇。即便公司裡面創造良好的協作約定，但是在家工作，每個人的上班時間不固定，休息時間也不固定。

如何降低換手之間的等待問題？

比如說我們之前舉的例子：「設計師晚上四點才睡覺，下午一點才來上班」，或者是，工作真的很累，但是我不敢跑出去吃飯或午睡，怕一睡就有其他人來找我，造成其他人的等待困擾。

如何解決這樣的問題？我的建議是：「在家工作時，想吃就吃、想睡就睡」。

不開玩笑。

我們公司沒有管過大家要幾點上班、幾點吃飯、幾點睡午覺。大家想吃就吃，想睡就睡，甚至什麼時候請假都可以。

> **唯一的條件，是你要事先告知「全公司」
> （或整個團隊）。**

是的，就是告知全公司。

比如說像我如果確定自己會離開鍵盤超過 1 小時，我就會明確的在公司公頻廣播，我待會要去吃飯、午睡、出門開會、看醫生 etc.

這樣的好處，是別人明確知道你在不在鍵盤前面，而不會造成與你協作的人空等。

如果你不說，我們就會預設你可能都在電腦前面，然後我們預期你回覆的時間是一小時之內。（通常大家都是工作 45 分鐘內，會看一下聊天軟體）

而如果我明確的希望別人在一個時間不要打擾我，比如說我接下來希望花完整的 3 個小時，去攻克一個超級大難題。我也會明確的公告，在這三個小時，天塌下來都不要來找我。

這樣就能有效的阻絕不必要的干擾。

> **甚至，我們鼓勵所有的細節討論都透過專案管理系統，與決策都透過公頻進行。而非私頻討論。**

Remote 工作與 Inhouse 工作，在本質上有蠻多不一樣的細節。在公司裡面，我們通常不會到處公告我們等一下要幹嘛，也不會開個喇叭一直廣播我們正在討論什麼問題。

但是 Remote 的原則幾乎是反過來的，基本上要高效率工作的原則，卻是要：

- **時時主動廣播自己的動態。這樣你才不會遭受非預期的打斷與干擾。**

■ 隨時公開自己的進度，同時讓別人更有效的知道如何與你協作。

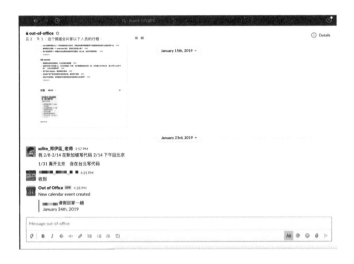

⚙ 接口與打磨

最後，是接口。接口的意思是「交接的中間介面」。

因為在協作中，小細節沒溝通清楚，退回重做往往是非常大的損失。

> **所以在遠距協作時，我們對於協作的態度，往往是提前溝通、持續打磨、多次（小）驗收。**

比如說一個小專案，我們就會在當中設立多個小檢查點，分段驗收。而不是大家分別悶著頭做，最後才一次大驗收。

而交付格式當然也要提前溝通清楚。

比如說需要一張海報。我們會直接先指定需要的 size、用途、偏好顏色、…etc.。（程式代碼更不用說，我們一開始就會定義 API 接口的數據結構，先定義接口才開始寫功能。）

而交付的人，在交付時，也不會只提交一個版本的半成品。可能會同時交付多個候選版本。

比如說同事給專案經理審核海報初稿與方向時，多半一次給出 6 張，於是決策可能會是這樣的：merge 1 與 3 的架構，但是使用 6 的顏色。

> **另外一個小細節就是。在每個階段的檢查品，我們交付的不會是半成品，而往往是粗糙的完整版。**

這是我們過去平台上的一個儲值介面的設計稿。

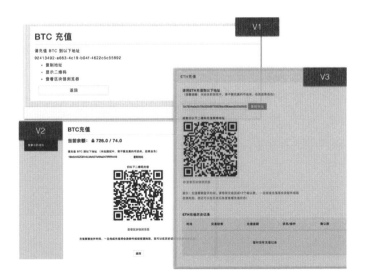

這個第一版本身自己就是一個「規格」。然後隨著不同時間迭代，逐漸「重構打磨」細節，產生三個不同階段的版本。

這三個介面有很明顯的細膩差異。

但是共同特徵就是無論哪一個版本，扔出去都能直接上線使用，只是美觀與否，但絕不「殘」廢。

2-6

遠距協作時如何識別剔除打混黨

當然，即便整個流程設計的如此流暢。有時候還是會遇到一些例外。

比如說某個同事想離職、或者家裡遇到狀況、或者單純就是新進工作習慣不好，愛打混。

但是遠距工作，很難抓出來它們是失誤問題，還是能力問題，還是其他因素干擾。以下我有幾個 tips，協助你「偵測異常」。

⚙ 1. 設立檢查點

對於稍微大一點的任務，與其整包交付給某人。

不如在工作一開始，大家就坐下來一起拆分每個時間的進度，透過站立會議（Standup Meeting）檢核驗收。

這樣的方法，有辦法有效協助新進成員，或者是相對新手的工作者，了解工作是怎麼拆分的，同時有效的分散工作壓力、進度。

也可以確保在每個節點收到的工作成果是正確的，不會到最後一刻，才發現方向歪了。

✿ 2. 提高 Standup 透明度

Standup Meeting 這一件事有一些小訣竅。

1. Standup Meeting 不許請假

我們公司的內規是全公司週一的 Standup Meeting 不允許請假。除非有重大事由。

而個別團隊的每日 Standup Meeting，不允許遲到。如果有組員有上班時間錯位的問題，那麼大家必須要同時協調出一個同時都在的時間。在該時間開會。

2. Standup Meeting 必須開鏡頭

Standup Meeting 的原則是誠實敘述進度，這就是 Standup Meeting 為什麼要站著而且面對面。

即便在遠距，都應該開著鏡頭。眼睛看著你的隊友說進度。這樣進度是不是假的就非常容易偵測。

3. 禁止以工作報告形式提交 Standup

有些團隊會嫌因為工作組大，集體來一次 Standup Meeting 麻煩。所以會以交工作報告形式來應付。

我曾經也遇過這個問題，在 20 人團隊裡面，我為了節約大家的時間，曾經一陣子換成大家提交 Standup 問題形式的工作報告。

> **但這個舉措，卻使整體團隊工作效率大大的下降。**
> **因為大量的「作文黨」出現，工作報告上洋洋灑灑，**
> **但實際上什麼工作都沒完成。**

於是，我後來又把面對面會議改回來，如果你覺得組太大，開一輪 Standup 太花時間，你應該將組拆小。

比如說 Amazon 著名的兩個披薩理論。指的是團隊的人數相當於可以吃掉 2 個披薩。也就是每個組盡量不要超過 10 個人。超過就分拆。

✿ 3. 從用語有效識別假進度

因為這 12 年來，我一直都在改善這個流程。見過各式各樣的工作者，於是我也就練就了一身鑑定假進度的功夫。

常見的假進度詞如下：

- **我正在研究：**
  - → 正在研究就是我沒有什麼頭緒的意思

- **做到一半：**
  - → 做到一半就是還沒做的意思

- **快做完了：**
  - → 快做完就是剛做

- **週五給你：**
  - → 就是下週一給你的意思

- **還要兩個禮拜：**
  - → 就是他根本做不出來

有意思吧！讀者可以思考過去的工作場景（邪惡微笑），是不是如此。

2-7
「雙向」寄送工作報告，改善溝通效率

在 2014 年我所在的團隊，本質上是台美兩地的團隊，美國部分是客服與運營團隊，台灣是技術開發部分。

公司曾經有一段高速擴張時間，這段時間兩邊都痛苦不堪。

原因是美國的客服團隊，是鍾點制輪班的客服團隊。客戶常常遇到 App 端有些故障，或者是服務品質瑕疵，雖然客服團隊會收集之後匯總給技術團隊，但是往往卻不知道技術團隊何時才能修復這些 bug。

再來，有一陣子技術團隊擴編，功能猛上，很多時候客服也不知道技術團隊在晚上偷偷上線或改壞了什麼功能，隔天客戶一問三不知。

而且因為當班客服主管與技術主管，並不在同一個時區，所以這個問題很難被改善。

客服團隊總是對技術團隊非常不滿，技術團隊也很挫折，因為技術團隊也不知道回報的這些 bug 的優先權，很難排定優先級，以及確認「自己修對了沒有」（技術 Team Leader 只能確認技術上正確）。

後來我們團隊實行了一個舉措，大大改善了溝通效率。

✿ 下班之前，雙向寄 Log 給對方團隊

比如客服團隊就會寄這樣內容的匯總給技術團隊，回報它們當班遇到的各樣問題，並由技術團隊去開票，排進隔天的工作優先級裡面。

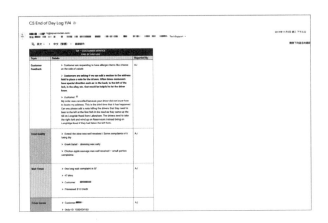

然後，技術團隊界接上自動部署系統。每一個版號會收集程式設計師推送的功能，整合成開發日誌。

最後，負責與 CS 對接的程式設計師，會每日翻譯這些自動開發日誌，寄給客服組，說明今日變動。

確保雙方團隊，都能在上班的第一分鐘，拿到最新更新信息。

⚙ 一般團隊的工作日誌該如何撰寫

以上是我們技術團隊使用的流程。如果是本書讀者，我會建議按照以下格式與原則進行。

1. 今天發生了哪些主要 Case

2. 當中發生了哪些值得注意的事

- 令人生氣的事件
- 令大家高興的事件

3. 哪一些事件必須拉高優先權讓其他部門處理或注意

4. 之後希望其他部門處理或跟進的注意事項

2-8

輪調工作，
解決遠距時的體諒問題

當在這個台美混合團隊時，我們遇到的另外一個挫折點，是無法「互相體諒」。

客服組同事有時候很挫敗，覺得明明回報一個簡單的問題，只要「用過 App」，就會知道不應該設計出那麼詭異的解決方案。為什麼台灣程式設計師不願意花時間研究，埋頭做出一個很詭異的功能。

在台灣的程式設計師，也是很挫折，自己花了老半天打磨了很久的功能，直接被 CS 客服的打槍不能用。改了老半天也不知道自己問題在哪。

後來，我有一次出差去美國以後，實際坐在 CS Room 跟美國同事一起工作以後，才發現問題在哪裡。在台灣的時候，我們都是對著後台數據，模擬可能的下單行為，而從來沒在美國實際點餐過。

所以有一些客服的抱怨，實際上真的得在有真人時段，打開 App，才知道問題在哪裡。

所以我們後續調了一些工程師輪調去美國，實際坐在 CS room 裡面，果然很快的就知道問題在哪裡。

這個情形也發生在我後來開的比特幣交易所裡面，我後來在抽查公司客服 Log 或者是某些程式設計師寫的原型時，感覺回客戶的話，以及做出來的東西，離實際上的差很遠。

我後來發現有一些同事，是真的只是「在做他的工作」，而沒有實際使用產品。

　　於是我立刻拿了一筆錢讓它們實際開戶練習交易，它們立刻就發現自己工作成果上方向偏差的問題。

　　而後來，我們甚至也會要求新進的同事，都去客服單位練一回。有沒有練這一回，會造成後續工作差很多，蹲過客服單位，就能體會到為什麼別人會提出這樣的需求。

　　如果你的遠距團隊時常發生雞同鴨講的事。我會建議至少定期抽調一名成員輪調崗位 1～3 天。可能就會很快發現實際上溝通的問題出在哪邊。

PART 3
會議改造篇

3-1
會議不是拿來開，是來決議與表決的

☸ 不當開會方式，遠距工作後只會讓會議更多

說到遠距工作時，除了「溝通」外，另一個問題是「會議」。

說到「會議」，不管是集中團隊或者是遠距團隊。大家都很痛恨「會議」。

為什麼？

大家需要會議的原因，是要提升效率，減少重複工作，但是絕大多數公司裡的會議，反而卻是工作上最大的效率殺手。

這就形成了一個弔詭的現象：我們需要提升效率，所以才要開會。但是開會，又造成了公司的效率嚴重下降。

我有個讀者，在我動手寫這本書之前，就希望我救救他，他認為開會才是他面對的最大問題。他說：「公司實行遠距工作之後，別說協作了，每天佔用他最大部分的時間，就是開會，每天光開會就飽了，還做什麼事？」

是的，原先開會就很慘烈了，更別說還要加上「遠距」了！

> **而且雪上加霜的還是這個：**
> **原先辦公室.轉頭就能達成的溝通，**
> **因為在實行遠距後，不是擠進了「遠距會議」，**
> **就是這個溝通變成了另外一個「會議本身」！**

☼ 會議是用來表決成果，評估未知風險用的

　　會議之所以變成所有人的夢魘。其實歸根究底，是因為絕大多數的人，根本不懂如何有效的開會。甚至誤會開會的目的。

> **我們開會，是為了「產生有效的結果」，**
> **而很多人卻誤以為開會是拿來發表**
> **「自己不成熟的想法」用的。**

　　這就是為什麼絕大多數公司的會，都很慘烈。沒有人「負責任的節省大家的時間」，反而是「大量的在浪費彼此時間」。

　　所以，接下來我想要聊聊，真正要有效的開會，必須把握的關鍵原則。

> **其中最重要的就是，會議是拿來表決的，**
> **不是拿來討論的。**

這就意味著。在開會之前，每個人就必須準備幾個可能的「解決方案」。

而大家出席會議的目的，是在會議當中依據每個人各自掌握的不同訊息，去挖掘出可能的潛在風險，有效表決、妥協、組合彼此的方案，拼接成有效的成果，

這件事，我再強調幾遍都不為過：

- **會議是用來表決成果用的。**
- **會議是用來表決成果用的。**
- **會議是用來表決成果用的。**

✿ 會議前，就應該先完成可靠的解決方案

以前我在網路公司時，最恨跟那些所謂「專案經理」開會，我甚至認為他們是世界上最不負責任的工作者。他們把會議美其名叫做：「發想、頭腦風暴」，實際上他們根本不做事前功課、事前調研，卻在會議上面信口開河，幻想畫餅，好像技術部門實作這些功能都不需要任何成本。

有時候，甚至這些產品會一開，就要開上三天到一個禮拜，而會議結論，卻是程式設計師三分鐘就能寫下來的用戶故事，或者是根本無法實作出來的功能。

最氣人的是，因為它們開會的結果如此的不靠譜，於是「專案經理」不甘示弱，認為程式設計師意見這麼多，不如跟他們一起開會，好一起參與「辛苦的決策過程」，不要在事後再唧唧歪歪。

事實上，程式設計師如果真的進去開會，往往不用一個小時，就會嚇得逃出來，因為這所謂的「決策發想過程」，實在是過於幼稚以及浪費時間。

這樣的情形，在許多的網路、傳統公司裡面大量的發生。

而這根本的原因，就是許多人錯誤的以為「會議，真的就是拿來開的」。

> **不，真正有效的開會，是必須在會議前就**
> **先形成可靠的可能方案，開會只是用來表決的。**

那就意味著，工作者在開會前，必須嚴肅的去思考，這個會到底要達成什麼目的？以及就自己的認知，可能的選項又有哪些？於是，會議只是會來表決出需要的結果。

✿ 具體化會議目標

開會的效率如此的低效，還有一個原因，就是會議的目的不清晰。

比如說，會議的標題可能是這樣的：

- 改版新的商店頁面
- 提高用戶留存率
- 推出一個新產品

這樣的主旨看起來似乎沒什麼問題。但實際上都隱藏著類似的訊息缺失：

- **改版新的商店頁面：**
  - 為什麼要改版？在幾天之內要完成改版？現有商店頁面有什麼顯著的缺陷？

- 提高用戶留存率：
  - 為什麼要提高用戶留存率？我們要提高多少比率？
- 推出一個新產品：
  - 幾天之內要推出？目的又是為什麼？我們目標營收又是多少？

> 加上了這些目標上的「限制」與「KPI」。
> 你會發現這個會議才能「有效的被準備」、
> 「有效的產出成果」。

而不是大家在開會時，雙手空空，腦袋空空的就直接在空中畫餅，互相浪費對方時間。

特別是在遠距時，視訊會議搶麥克風的情況會非常嚴重。正常會議，稍微插嘴還不是什麼問題。在視訊會議中，有時候因為網路關係，甚至完整的表達一個可行方案，都會受到網路輕微不穩干擾。

所以事先準備，具體化目標這件事，就顯得格外的重要。

✿ 限制會議在 30 分鐘之內，且要有具體結果

一個有效的長會議，建議嚴格設定，不要超過 30 分鐘。

超過 30 分鐘，很多時候基本上都是無效的討論，大家的注意力會開始渙散。

另外如果真要使用投影片，不可以超過 10 張。

知名電商龍頭 Amazon 的老闆 Bezos，甚至是在會議上禁止大家使用 PPT 的，而是要大家使用備忘錄。Bezos 要求員工在開會時，要先閱讀一份包含主旨、完整句子及敘事架構等約 6 頁的備忘錄，接著所有人再一起討論會議的主題。

這樣的方法，才是節約大家精力，提高溝通效率的高效法門。一般來說，我自己是完全不參與 30 分鐘以上的長會。

✿ 建立會議模板，提升會議效率

> 另外，我們甚至會對每一種會整理成會議模版。每一種會應該準備、討論什麼問題，問題該如何分析，該怎麼跟進該議題，什麼時候應該出結果等等，都有明確的規定，就能提高開會的效率。

這是我們內部法務會議的模版。

开始前
第一天
- 接到法务需求
- 阅读法务相关所有 wiki，熟悉原则 ▇▇ ▇ ▇ ▇▇▇▇ ▇ ▇▇ ▇ ▇ ▇▇▇
- 报到 case 后，全面了解情况，并进行分析评估：需要解决的问题是什么，是否需要使用律师资源（参考律师使用时机），紧急程度如何
- 如果无法确认是否需要使用律师，请写下该 case 的现状、可能遇到的风险，希望律师如何帮我们解决问题，发在法务频道向 xdite 请示

处理中
第二天/第三天（紧急程度高 12小时内/非紧急情况 72小时内）
- 撰写给律师的信件，并发在法务频道让 xdite 确认
- 寄信给律师，同时抄送给该律所另外一位联系人，以及 ▇▇ ▇▇▇▇▇▇

收到邮件8小时内
- 法律文件的改动和律师提到的风险要在收到邮件8小时之内发在法务频道让 xdite 了解并确认
- 要让 xdite 了解并确认最终版本

结束后
确认最终版本后一个工作日内
- 与其他部门沟通，完成后续工作，比如将合同交给需要使用的部门或人员、在网页上进行更新等等

3-2
如果要腦力激盪會議，
一定要設計限制

我們有時候做專案，真的還是得聚在一起「頭腦風暴」（腦力激盪）。

那麼要怎麼解決這類會議太冗長，又沒辦法有結論的問題？通常我們的頭腦風暴會，是這樣開的。

✿ 第一步：分組的腦力激盪會議

腦力激盪會議，第一件事，腦力激盪的會議人數，不能超過 3 個人。

一旦超過 3 個人，效率就會嚴重下降。

如果真要引入更多人，那麼應該拆開多個小組，每一個會議不超過 3 個人，每一組討論可行方案，最後再開一個比較大的會議進行表決。

而不是多個人擠在一個房間裡面「頭腦風暴」。

✿ 第二步：寫在一張 A2 紙上

第二步，我們的腦力激盪會議，是使用一個大的 A2 或 A3 紙張，

由其中一個人執筆,開始把靈感寫下來。

等到靈感寫得差不多後。我們再針對整張紙的議題逐一拆解討論。

舉搬辦公室為例

第二步,我們的腦力激盪會議,是拿一張 A2 紙,把大家擔憂的事情都寫下來,在這個搬家 CASE 中。我們可能的憂慮有:

- 要搬到哪裡?預算會不會爆?
- 要搬走什麼家具,家具哪些要重買?會不會到那裡漏這個那個?
- 網路移機怎麼辦?到時候沒簽好怎麼辦?
- 同事東西要搬走。到時候搬家時一團亂怎麼辦?
- 搬家要花時間,公司生產效率會掉幾周,怎麼辦?
- 公司要換地址,同事通勤時間變長,通勤費用變高怎麼辦?
- 有很多電腦到時要搬移,當中摔碎或遺失怎麼辦?
- 萬一現在好選擇不多?只能遷就新的爛辦公室怎麼辦?
- 新辦公室沒有舊辦公室舒適,同事會抱怨怎麼辦?
- 什麼時候要宣佈搬家?如何向同事宣佈而不爆炸?

這時候,我們再拿一張紙反過來把這些問題,都變成一條肯定句的任務。

1. 與老闆確定搬家可能區域。預先聯繫好該區仲介。
2. 詢問老闆辦公室每個月預算(含最終開銷)。
3. 列出公司內大項家具清單。對每樣家具最初搬遷評級。評估費用以及重買難度與成本。
4. 調查如何申請新網路,網路帶寬上限,以及網路申裝需要花費時間。

5. 預先清點每個同事所需紙箱,先行購買紙箱數量。

6. 預先清點每個同事個人辦公設備。計算包材數量,以及保險費用。

7. 找出誰在搬家期間生產力下降,會受到嚴重影響。預先做好排班調配。

8. 私下調查每個員工的通勤狀況,並向老闆申請通勤補貼。

9. 調查每個同事的電腦設備清單,預先估算保險費用,並向老闆報備。

10. 先開出預算與需求讓仲介尋找。訂出上限與下限。

11. 找出同事最喜歡舊辦公室的哪樣特點。想辦法在新辦公室移植。

12. 在搬家前兩周向大家宣佈,並且有搬家指南 SOP。

13. 預先確定好裝潢工期,搬遷時間,最快可搬入時間。

A2 紙筆記法的神奇功效

A2 筆記法是日本知名顧問,大前研一推薦的工作方法。用一張 A2 紙寫一個主題,在會議的現場就能導出結論。

本來我也對這個方法嗤之以鼻,要寫筆記就用 A4 就好了,用到那麼大的紙又不可能增進多少效率。

但是當我實際使用之後,卻發現 A2 真有神奇的效果。可以說是紙張的大小上限,基本上就決定了靈感的上限。

用 A4 打草稿，無論如何怎麼寫就是覺得思維會撞到牆一樣。

但是，A2 的筆記本卻極難買到，於是我的折衷作法，是上網買對開的 A3 筆記本。如此一來，對半攤平打開來也有 A2 般的尺寸。

我們若要進行頭腦風暴會，即是以 A2 紙上的大架構為基礎，逐一去討論去開展。

當然，這個方法，也是可以搬到網上的。

但是可能就要辛苦一些。就要使用類似會議白板的方式，一個人寫在白板上面進行直播。或者是使用類似 Google Docs 的共筆機制。

✿ 第三步：如何得出腦力激盪會議的結論？

我們把 TODO List 寫完之後。可以對所有 TODO LIST 先行分類。

常見分類如：緊急（阻擋）、重要、不重要。

按照實際內容，也可以分類，如以上述搬家例子可能還可以分類為：採購、協調廠商、調查、裝潢布置

按照時間維度，至少切成前、中、後三段區塊，並排定優先順序。

再各自按照職能指派給適合的同事。

或再各自帶開組織小會議討論具體解法與排程。

3-3
以小會取代大會

有些新加入的程式設計師或產品經理，會對我們團隊的工作效率感到非常大的驚奇。

原因是我們團隊基本上不太開會（30 分鐘的會）。坐在位子上大家平日也不太溝通，更是討厭別人來打擾他。但是做起專案卻如同有心電感應一樣，對接起來又快又準。一個禮拜甚至可能可以完成別的公司一個月的進度。

他在原先公司，開過大大小小的同步會，開到死，都達不到這樣的效果。

這麼神奇的事情我們究竟是怎麼辦到的？

這背後歸功於，其實我們公司不太開大會。而是以「小會」與「流程」取代。

我們日常會開幾種小會。

✿ 每日站立會

在站立會議中，報告格式是這樣的。參會者必需要在一分鐘內報告以下事項：

- **a. 我之前已經做了什麼**

- b. 我現在要做什麼
- c. 之後我要做什麼
- d. 我需要其他人幫我什麼忙

這個部分，前面章節也有提過。

✿ 全公司大會

我們公司每週一，會開一個全公司大會。基本上就是大型的全公司站立會版本。

也是報告以下事項：

- a. 我之前已經做了什麼
- b. 我現在要做什麼
- c. 之後我要做什麼
- d. 我需要其他人幫我什麼忙

差別只在於單位由「日」改成「週」，對象從「單位同事」改為「全公司」。

雖然這個會相較於站立版本會有點長，可能會開到 30 分鐘。

但是，透過這個會議，大家就能大概聞到「空氣中的方向」。

再來，有一些跨部門的訊息以及進度，大家也能夠很快的同步。甚至在這個會議中，兩秒鐘就能夠得到跨部門的支持與解決。

週會流程附錄

» 目標

最快時間內讓所有人同步公司當前進度,知道公司接下來的方向,知道每個人在做的最重要的事。

» 流程

時間為:每週一或每週三 13:00

全體人員輪流發言,全體人員原則上時間每人是 1 ～ 3 分鐘,盡可能不要超時。

» 發言原則

講重點

不必講你做的每件事,如果這件事是不重要的瑣事,可以寫在周報裡就不需要講了。

重點是你做了什麼事,這件事是為了解決什麼問題。或者是你做的這件事全公司都需要知道。

會議上不要討論問題,或者討論需求。

這是會議結束後可以私下做的事,因為討論需求不要全公司的同事都參與。

原則上每人 1 ～ 3 分鐘,盡可能不要超時。

» 發言模板

請大家按照週報的問題順序發言:

我上週做的最重要的 3 ～ 5 件事是：

我特別想請大家注意的一點是：

在你的工作裡，你發現的需要向其他人講的很重要的事，可能是一個問題，或者你發現的一個情況。

我本週計劃做：

⚙ 週四的指揮官會議

我們在每週四的下午大約 16:00，部門的 Leader 需要參加一個大約 30 分鐘的會議，叫「指揮官會議」。回顧上一周進度，決定下一周的方向。

指揮官會議的典故這樣來的。

這是我從知名辯論家黃執中在羅輯思維「你如何聽懂我說的話」學到的一個概念。

30 年代，美國陸軍的一個排接到的任務是，明早六點鐘要登上一個山丘，在山丘上做好防禦工事，掩護運輸隊通過，然後下來幫他們斷後，到另外一座橋進行準備補給。結果第二天一上去，發現山上已經有人了，上不去了，或者天下大雨，上不去，怎麼辦？

他們的指揮官命令就是一句話，如果明天交給你的任務什麼都做不到，唯一只能做一件事時，是什麼？那就是「保護運輸隊通過」。

每個士兵，在接到這個指令時，腦子裡會有一個指揮官命令，他知道明天做的事就是保護運輸隊，一發覺山路泥濘，無法準時在六點上山時，就會立刻改變目標，當到了山頂，發覺視線非常糟，沒法瞄準山下的敵人時，也會改變計劃。隊員自己就會權衡什麼是輕、什麼是重。

所謂的「指揮官命令」，
就是「只能做一件事，你做什麼？」

公司裡面事情實在太多。而且細微的進度往往也不是「計畫」能計畫出來的。而是按照時勢發展出來的。

這個會議的目的有兩個。

第一個目的就是回顧我們上週的主任務，是否有達標，中間是否有出什麼差池。檢討上週的目標偏差與效率。

第二個目標是根據上週的情況，去規劃下週的主要目標任務。

這個會議只討論戰略，不討論戰術。

第六十三周指挥官任务 —— 产品开发组

Created 2 years ago

一、本周已做
* 紧急事件(可能引发公关危机)处理 SOP
* 网站紧急故障处理SOP

二、正在做
* 开发资源模块化，并复用
* code review 重点补充
* 新人问题整理

三、下周计划做
* 维稳
* 放假前 round 一次紧急事件流程确保没问题
* 上线6个月免广告费活动
* 通知即将到期的商家用户

四、请大家注意的点（选填）

3-4
做四休一原則

因為 2020 的全球疫情影響。遠距協作至今才進入大眾的視野。在此之前，遠距公司多為軟體公司，而一些遠距軟體公司有一個「做四休一原則」。

> **也就是員工只認真在週一到週四認真衝刺進度。而週五雖然也是上班，但其實是被保留下來，回顧、充電、做 side project 用的。**

這也是為什麼我們為什麼選擇在週四開指揮官任務的原因。

對我們來說，週四是上一個禮拜專案的結束日。如果我們在週四進行檢討以及規劃。各部門就能在週五好好的去咀嚼、調整。

如果真有上個禮拜做不完，嚴重 delay 的進度，大家也能趁週五、週六拉一下進度。如果沒有的話，這個時間就留下來進修，或整理本週累積出來，需要整理歸檔的教程。

一般來說，做四休一的一週時程是這樣的：

- **週一：下午 13:00-14:00 全員大會。**
  - 大家回報自己上一週的進度，規劃下一週的進度。如果有其他公司內部其他大會議，也排在週一 15:00-17:00。一般來說，我們公司定調禮拜一為開會日，會將會議集中在週一。

- **週二：10:00-13:00 為可開放給外部廠商的開會時間。**
  - 週一下午可作為內部的會前會。先行準備對外部廠商會議的沙盤推演。週二下午以後則為專心實做時間。

- **週三：不開會**
- **週四：下午 17:00 開指揮官會議。**
  - 檢討上週四到這週四的計畫執行 performance、目標達成率。如果遇到撞山可以即時處理。

- **週五：緩衝日**
  - 通常週二下午或週三早上為主要功能上線日。本日大家會稍微安排一下自己下週預計行程，做做自己的檢討。若發現來不及，週六會加一下班。

3-5

善用流程管理 PDCA，
提升遠距會議與工作效率

一般人對會議的定義，是拿來同步、發想、追蹤進度用的。

我們團隊不是沒有會，不是不願意開會，而是我們不喜歡開那些「沒有效率、不負責任」的會議。

> **相反的，我們是用一系列的小會，以及工作架構設計，去達到低干擾的非同步工作狀態。**

我們會將一個計畫案的推行，分成四個節點。

⚙ 一、計劃（Plan）

寫大綱

按照 5w1h 的方法來寫大綱。

自己測試

- 畫出流程圖
- 自己按照流程圖實際預演一遍

  如果可以自己現行測試的，應該自己測試一下

補充細節

- 應該有一個主流程以及每個角色應該做什麼
- 如果只有一個主流程，大家還是會遺漏 "我" 應該做什麼

✿ 二、推進流程（Do）

開討論會

- 每次討論會應小於等於 6 個人，不然會無限拖延會議時間。
- 如果超過 6 個人可以根據流程將與會人員分為幾個群體，開不同重點的討論會（eg 研發，客服，業務）
- 理論上新流程涉及到的每個人都應該參會，如果不參會，應該由主管傳達，如果是複雜流程建議每個人參會。
- 討論會時間應該少於 45 分鐘，由主持人花 5 ～ 10 分鐘講新的流程，5 分鐘留給大家看補充材料，剩下的時間留給提問和討論。

主持人應該引導流程，避免偏題，如果有偏離的情況可以善意提醒「這個提議很好，我們先記錄下來，下次我們可以討論，本次我們還是把重點放在 xxx」。

> 完善流程

- 根據大家的建議，完善流程文檔

✿ 三、檢查（Check）

> 檢查流程的關鍵點

- 關鍵點即容易出錯的點

> 為流程涉及的每個人設定 checklist

- 推薦使用 Tower（https://tower.im）

> 事後了解每個人的使用情況

- 可以和相關人員聊聊看

✿ 四、覆盤（Action）

> 看看下次怎樣會做的更好

- 通過 AAR 覆盤本次流程設計及推進的過程，看看下次怎樣做的更好

PART 4
進度拆解篇

4-1

同步進度——
使用專案管理系統

我們前面提到，要有效的提高遠距團隊效率，第一件事就是要引入一個專案管理系統。

這件事的目的其實是為了要解決遠距團隊協作的最大痛點 --- 資訊與進度上的同步。

以前在辦公室，多半公司都是以小組為單位。進度存在小組的默契裡面。但是失去了辦公室之後，項目的進度就四散了。

這時候我們就需要一套專案管理系統，來記錄與同步專案的大小事。

有一些非技術領域的朋友，可能不知道專案管理系統是什麼，簡單來說，專案管理系統比較像 TODO LIST，只不過比較像是「團隊版」的 TODO LIST。

每個團隊根據規模與型態，適合不同的專案管理系統。

這邊根據我的工作經驗，推薦大家幾種不同的選擇。

☼ 小型專案：Trello （看板式）

一般小型協作專案的開發，我通常會推薦 Trello。（30 個以內待辦事項需要管理）

　　Trello 是看板式管理，適合待辦事項狀態簡單型的專案（如進度可以區分：尚未實作、實作中、已結束等）。

☼ 中小型專案：Tower（列表式）

　　執行中小型專案的推薦，我推薦可以試試看 Tower。（100 個以內待辦事項需要管理）

　　Tower 適合待辦專案多類別型的專案，比如我寫書就會用 Tower（第一章需要完成什麼，第二章需要完成什麼）。

☼ 複雜型專案：Redmine

　　至於公司內部軟體開發，我們用的就是重武器 Redmine。

　　Redmine 是一套開源軟體，非常適用來管理複雜的專案。

　　比如說像我們軟體團隊，需要管理複雜的子專案以及里程碑。就會非常倚重這一類的重武器。

✿ 特殊行業的專案管理軟體：BrightPod（廣告類）

其實，根據不同行業流程，也適用不同的管理軟體。

比如說我印象中很深刻的，就是一套 BrightPod 專案管理軟體。

這套軟體最大的不同，是用來解決「重複型事件」的。因為廣告專案（如 SEO, Landing Page 投放），基本上都是重複型事件）

✿ 你該使用哪一種的專案管理系統

很多公司的管理者，在導入專案管理系統時，常會有手足無措的情況發生，不知道該用哪一套比較好。希望我推薦一套用的最上手的系統給他們。

但老實說，就我用過這麼多套系統之後的感想。我發現真沒有一套專案管理系統是適合所有團隊的一勞永毅 solution。

因為每一套專案管理系統，後面隱藏的可能就是一套對應的專案管理哲學。

若真要推薦的話。我會推薦非技術團隊（且又是首次使用專案管理系統的團隊），先用 Trello 或 Tower。

這些團隊，目前最大的問題，就是沒有把該做的事，都團體記錄起來數位同步，以致於漏東漏西。

所以他們比較需要一目了然，直觀型的紀錄版。而且專注在讓團隊養成在上面開設實作任務清單的習慣

至於一般軟體公司，與程式高度相關的，就比較適合 Redmine 這種重型的專案管理系統。

因為這種重型的專案管理系統，背後就可以透過一些特殊的機制，去做到更細微的里程碑式管理。

總之，如果你沒有用過任何專案管理軟體，不妨在 Google 搜尋時，輸入這樣的關鍵字，也就是「" 領域 " + "Project Management"」，如：「Marketing Project Management」，相信可以找到很多專案管理的工作法、軟體選擇。

4-2

同步狀態——
工作專用即時通軟體 Slack

你在工作上都用什麼即時通訊軟體跟同事進行遠距溝通呢？

關於這個問題，我最常得到的答案是 FB Messenger, LINE, Wechat。

但是當我再問一句，你喜歡用 FB Messenger, LINE, Wechat 溝通公事嗎？

每個人都面帶難色搖搖頭。

雖然，大家都有 FB Messenger, LINE, Wechat。但是這類軟體都有很大的幾個缺點。

1. **使用這類軟體等於變相加班。工作群組上有什麼訊息出現，你就得隨時回應**

2. **難以將私人生活與工作分開。有些人甚至有兩隻手機兩組帳號，就是不希望自己的社交帳號跟工作混在一起**

3. **難以追蹤討論串。有時候，為了方便，我們總會拉一個群組討論許多工作上的細節，文件傳的滿天飛。雖然聊得很開心，但是卻很難回去找討論串與對話。**

所以，雖然大家都會用社交聊天軟體溝通工作，但是大家卻痛恨用社交軟體溝通工作。

再來，私人聊天軟體，還有一個隱藏的隱憂是資安問題。很多市面上的資安事件，其實都是因為許多工作者沒有基礎的資安意識，直接在私人聊天軟體上大談工作內容，甚至用來轉發工作密件。

而且，很多人的私人社交密碼非常薄弱。甚至是與許多常見服務帳號的密碼相同，所以一個社交網站被破，幾乎所有社交網站就會連環被破。

所以工作者的社交帳號被盜了，甚至公司內部的項目機密、文件也被盜了。

✿ 使用專用軟體切分工作與生活

在歐美遠距團隊裡面，最常使用的通訊軟體叫 Slack。

Slack 的專門用途，就是來解決以上的困擾的。

首先 Slack 的專門用途就是被設定在公事用途上的討論。

這樣第一步就確保了，我們是在公司的專用場域工具討論保密性強的公事。

✿ 可編程以及收集全公司動態

技術團隊十分喜愛使用 Slack 的原因有幾點：首先是可分主題群組。

可以針對不同的工作主題訊息、切分開不同的討論頻道。

比如我們如果公司分成不同部門。如技術部門、運營部門、人事部門，他們就有自己獨立的頻道。

再來如果公司正在進行不同的小組項目，如跟某某網站的合作案，或者與某公司的外包案。也可以使用這個方法，組成新的頻道緊密合作。

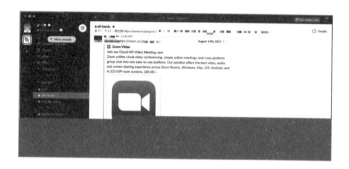

　　再來是，Slack 不止是聊天室軟體而已，而是「可編程」的聊天室。

　　許多網站都能夠整合 Slack 的 API。

　　比如說，我之前經營網站，網站系統上有安裝「Bug 收集系統」，我們就可以透過 Slack 整合機制，當網站出現 Bug 時，自動將錯誤訊息傳到 Slack 上。

　　而剛剛我們提到專案管理系統，我們也會整合 Slack ，將專案管理系統上，TODO LIST 的更新狀態，傳送到 Slack 上。

　　甚至是將我們網站的「客服系統訊息」，也整合進 Slack。

　　這樣，我們只要安裝一個軟體 Slack，就可以掌握「工作對話」「網站最新動態」「工作最新動態」「客戶最新抱怨」。

　　上班時間，同事就不用一直開著 Email、各個工作系統的介面，

使用這套流程，基本上，公司任何一個員工，都可以透過手機（Slack 有手機版），迅速了解到公司一整天發生了什麼，同事正在做什麼。重現實體辦公室中的「空氣流動」。

所以，要是説專案管理系統，是遠距工作第一重要的系統。那麼第二重要的系統，就是工作聊天系統。

> **而且好用的工作聊天系統，要能根據團隊、專案區分頻道，並且可以整理團隊工作所需的各種通知訊息。**

如果你不知道要挑選哪一套專案管理軟體，我建議至少挑選一套可以跟 Slack 整合的（關鍵字 slack integration）。

基本上專案工作系統，跟工作聊天系統，兩套系統一定要結合起來，才會發揮到最高效率。

4-3
用專案系統
溝通專案進展、負責人、實作現況

在我們團隊，我們團隊工程上使用的是 Redmine。小項目的 checklist 檢查部分，才是使用 Tower 或 Trello。

因為工程上，我們可能要開到幾百個 Tickets，實在沒辦法一張一張票去確認是誰正在做，做到什麼進度。

Redmine 可以訂製 Ticket 狀態，讓我們可以更精確的去敘述協作上的狀態溝通問題。

一般來説，許多專案管理軟體的預設流程是這樣的。

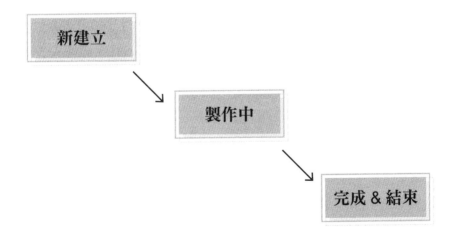

新建立

製作中

完成 & 結束

我們會把任務（票），擴充到六種不同的狀態，以配合真實狀態中會發生的狀況。

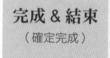

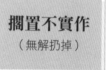

如果像我們公司使用 Redmine 專案管理工具，那麼一般正常的解票流程可能是這樣的。

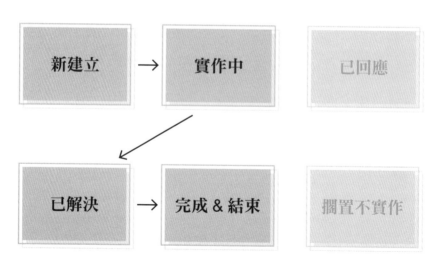

但 IDEA 也有可能一開始就被槍斃掉，於是任務流程變成：

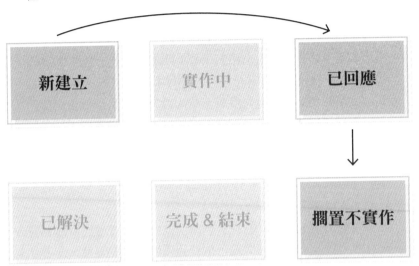

甚至任務來來回回改了很多遍之後，最後還是忍痛放棄。

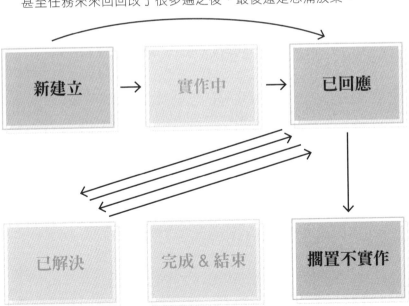

⚙ 遠距工具的任務開票流程

我們通常會是這樣開票的：

- 回報人或者是執行者，先將 Ticket（可能是 Bug、需求或 Idea）開出來，這時候先不指定到任何一人身上。

- 當確定要實作時，需要負責實作的人就會將這張票指派到自己身上。所以當路過的時候，看到這張票已經有指派了。那麼就表示有人正在實作。你不需要去問，到底誰在做哪一件事。

- 等到他把這張票做完以後，會將這張票設為「已解決」，重新指派給原開票人或者 Code Reviewer，檢查是否符合需求，或者直接進入上線前的檢查階段。

- 如果實作者做到一半，對於這張票的某些問題有疑問。那麼他就會在票裡面寫上他有的問題，重新指派回原先開票者，或者是能夠解決他問題的人。

- 如果這張票已經確定完成上線，那麼最終的部署者，會將這張票設為「完成 & 結束」。

- 如果這張票隨著專案的進度，逐漸被認為沒有實作的必要。那這張票也會在週四的指揮官任務之後，被設為「已擱置」強迫關閉。

> 這也是技術團隊能夠管理同時這麼多 technical issue 的秘密，沒有這種專案管理系統。
> 事情一多，專案一複雜。哪個專案經理再有通天的本領與記憶力都管不來。

以我們團隊的開發與協作速度，一周解決 100 張票，是家常便飯的事。

4-4

進階流程：使用專案管理系統拆票，加速專案執行

初步的專案管理，只需要做到將團隊「想到」、「覺得」需要做的事情，丟上專案管理系統，這樣就能大大加速專案的進展了。

然而，這其實只做到追蹤（進度上有沒有做完），還算不上加速。這裡我還可以教大家一個利用專案管理系統加速專案進行的技巧。

讓我問問你，小專案，大家自己寫寫 TODO LIST 上去，幾個人湊合還能完成。

那麼如果是一個需要 10-20 人合作，且需要耗時三個月的項目，那要怎麼管理？

此時追蹤技巧，就不夠用，這時候真正需要的就是專案拆分技巧了。

在我們公司，通常有一個叫 User Story 拆分的新人訓練，這個訓練是讓新人有能力將大專案拆成小專案、小項目去依次執行。

User Story 的專書，網路上很多，這邊我就不展開說。主要跟大家分享，我們公司利用 User Story 的實作技巧，能將模糊的大專案，拆成逐項小項目，於是在團隊協作的過程做好溝通，在遠距工作時也很有幫助。

✿ 如何利用 User Story，把大專案拆解成小項目

以下是實做一個商店的 User Story 變化：

Version 1:
- 作為一個商家，我要能夠很方便地賣出我的貨品
- 作為一個消費者，我要能夠很方便地在這個網路商店上買到我要的東西

Version 2:
- 做為一個商家，我要能夠在**後台上架我的東西，並設定能夠販賣**
- 作為一個消費者，我要在**前台能夠找到商品並結賬**

Version 3:
- 身為商家的管理者，我要能夠在後台上架我的東西，並設定能夠販賣
- 身為商家的管理者，我要**能夠在後台設定權限，權限分成管理者以及消費者**
- 作為一個消費者，我要在前台能夠找到商品並結賬

Version 4:
- 身為商家的管理者，我要能夠在後台上架我的東西，並設定能夠販賣
  - 身為管理者，我可以**上傳一個商品的物品敘述及圖片**
  - 身為管理者，我可以**上傳一個商品的規格、價格及庫存**
  - 身為管理者，我可以**設定一個商品是否能夠上架販售**
- 身為商家的管理者，我要能夠在後台設定權限，權限分成管理者以及消費者

- 身為一個消費者，我要在前台能夠找到商品並結賬
  - 身為消費者，我要在前台能夠**找到商品並加到購物車**
  - 身為消費者，我要在前台能夠**將多樣商品加到購物車，並生成一張訂單**

Version 5:

- 身為商家的管理者，我要能夠在後台上架我的東西，並設定能夠販賣
  - 身為管理者，我可以上傳一個商品的物品敘述及圖片
  - 身為管理者，我可以上傳一個商品的規格、價格及庫存
  - 身為管理者，我可以設定一個商品是否能夠上架販售

- 身為商家的管理者，我要能夠在後台設定權限，權限分成管理者以及消費者
  - 身為商家，我應該可以收到消費者下訂的訂單，並設定為已結帳
  - 身為商家，當消費者確定購物結帳後，該商品的庫存必須按照數量減少

- 作為一個消費者，我要在前台能夠找到商品並結帳
  - 身為消費者，我要在前台能夠找到商品並加到購物車
  - 身為消費者，我要在前台能夠將多樣商品加到購物車，並生成一張訂單
    - 身為消費者，當系統生成一張訂單後，我可以填寫寄送資訊，並且用信用卡結帳
    - 身為消費者，當我用信用卡結帳後，我的信箱要能收到一張訂單確認信

Version 6:

- 身為商家的管理者，我要能夠在後台上架我的東西，並設定能夠販賣
  - 身為管理者，我可以上傳一個商品的物品敘述及圖片
  - 身為管理者，我可以上傳一個商品的規格、價格及庫存
    - 身為管理者，我可以設定一個商品是否能夠上架販售

- 身為商家的管理者，我要能夠在後台設定權限，權限分成管理者以及消費者
  - 身為商家，我應該可以收到消費者下訂的訂單，並設定為已結帳
  - 身為管理者，可以在後台看訂單，訂單狀態分為未結帳、已結帳、出貨中、已出貨、辦理退貨
  - 身為管理者，我可以在後台對單張訂單做狀態改變
  - 身為管理者，當我在將商品設為已出貨時，消費者應該收到一張已出貨的通知信
  - 身為商家，當消費者確定購物結帳後，該商品的庫存必須按照數量減少

- 作為一個消費者，我要在前台能夠找到商品並結賬
  - 身為消費者，我要在前台能夠找到商品並加到購物車
  - 身為消費者，我要在前台能夠將多樣商品加到購物車，並生成一張訂單
    - 身為消費者，當系統生成一張訂單後，我可以填寫寄送資訊，並且用信用卡結帳
    - 身為消費者，當我用信用卡結帳後，我的信箱要能收到一張訂單確認

- 作為一個消費者，在商家出貨後，應該收到一張已出貨的通知信
  - 作為一個消費者，當我收到已出貨的通知信後，可以在使用者後台看到該張訂單
  - 作為一個消費者，我可以在使用者後台看到我所有的歷史訂單

本來實作一個商店系統，看起來是一個沒有頭緒的工作。

透過上述的 User Story 分解，如此一來，就從一個模糊的大系統，被逐漸支解到可以實做的小 Ticket（任務）。

✿ 把專案顆粒度拆細，才能估算時程與分配任務

當我們在成立專案組時，就會開一個立項會議。將要做的東西，透過這個方法，拆到 50-100 項的顆粒，再開票到專案管理系統上。

> 如此以來，專案就從「不知道何時完工，
> 有多少工作項目」，至少變成
> 「大概何時可以完工，有多少工作項目」。

當然，這只是初步的拆分，如果實際進行可能還要分成工程面上的實作，與美術上的實作。到時候甚至一張 Ticket，又可以再切分為 2 ～ 3 張。

我們主要會把第一次切分的粒度，控制在每張 Ticket 是單人 1 ～ 3 天可以完成的工作份量。這樣就能讓整個大專案可估算時程。

再來，因為我們將 80% 以上的工作項目先粗切了一遍，這樣就

可以開始進行簡單的工作分派。如果專案組有 5 個人，有了這樣的長工作清單，我們也可以平行分配加速。

Redmine 上也有「子母票」的功能，可以清晰的呈現拆分過的 User Story。

當我們覺得票不夠細緻時，我們就會繼續往下一層拆。通常在實作層級，會盡量拆到單人單天可以完成的粒度。

⚙ 愈具體愈細緻的任務，愈能將阻礙分離

這樣有個好處，就是當你把粒度拆到越小時，就愈可以將「阻礙分離」出來。

如上圖。是一個信用卡結帳功能。我們將信用卡結帳這個功能再拆成兩張票。

1. **實際刷卡**
2. **刷卡完後將訂單為已結帳狀態**

因為刷卡串接可能要申請信用卡 API，可能這個過程需要 15 個工作天之久，透過這個技巧，我們可能可以先實做 2 的部分。1 的部分則用「假結帳」先跳過去，等 API 申請下來，再將「假結帳」

改為真結帳。

在現實工作中，我們可能也會遇到這種「Blocker」Ticket。所謂 Blocker Ticket 就是指沒有做 A，後面的 B 就無法實現，更後面的 C 連帶也無法實現。但重點是你可能會做 A 才會發現這件事。就發現後面卡了一大串，造成行程大 Delay。

所以我們的新人訓練，就是訓練員工基本技能要在紙上推演，將 Blocker 推出來，這樣我們就可以及早處理 Blocker 背後的問題，甚至先行完成，再回頭解 Blocker 問題。

4-5

專案系統與各種會議的搭配與推進原則

Inhouse 協作時，任務相依性與溝通不良的問題其實不大，轉個頭就能溝通。所以沒有人覺得缺乏溝通機制與專案工具是個問題。

但是進入 Remote（遠距工作）狀態時，大家就覺得瞬間進入失聰狀態，問題相當嚴重。

而這些專案工具與特殊會議形式，就是派上用場的時候了。

在前面我們有提到兩種會議：站立會議、指揮官會議。

一些讀者，可能會好奇站立會議討論什麼、指揮官會議討論什麼，是否可以更精確一些，這邊我就結合前述的專案工具應用，來說明實際的遠距工作流程。

✿ 站立會議與拆解任務的搭配

在站立會議時，我們通常會報告：

- 昨天我們做了什麼
- 今天我們預計做什麼
- 有什麼需要其他人幫我的地方

透過專案系統，每個人當天要完成的工作份量可能是 5 ～ 10 個 Ticket。

在站立會議時，如果有解不開的 Ticket，或者是 Blocker 的任務，我們就可以在站立會議上面求助、換手。

這樣就算進度被阻塞，最多也只是一天的事情。

⚙ 指揮官會議與拆解任務的搭配

一個專案通常有幾百張 Ticket，但他們並不是擠在同一個週期需要完成。

比如說我們可以集中一週，只做這 40 張 Ticket，集中把某部分的功能做完。

然後在實作中，又發現這週一定有做不完的工作，還有下下週預計要做的工作得提前到下週去做。

這時候就能透過指揮官會議，調配優先順序。

⚙ 將票切細，挖掘隱藏風險

有些讀者，可能會問，票要拆到多細才夠？

1. 在企劃階段，我會覺得最小的 Ticket，切到可以推估大致總天數就好。
2. 在實作階段時「越細越好」，甚至精確到每張票，可以在一小時階段完成都可以。

那麼，就會有人問說，「越細越好」這樣不是切到最後天馬行空，無法收斂嗎？

其實不是的，Redmine 上面也可以設計「已擱置」的狀態。我們可以在每日站立會議或指揮官會議上，擱置掉那些已經過於「完美主義」的票。

> **重點是「越細越好」的原則，
> 能讓專案中每個成員，可以盡可能的去
> 推演出可以實作的方向，或可能遇到的問題。**

至於要不要真實現、或是真解決，那就是另外的問題。透過這樣的手法，可以及早的挖掘系統裡面隱藏的功能，與被掩蓋的 Blocker。

✿ Done than perfect

在推進專案時，我們還有一個原則，叫「Done than perfect」。

> **就是寧願有粗糙成果，
> 也不要有「做不完的半成品」。**

比如說，一個 BTC 充值頁面。根據 User Story，我們可以做成 V1，也可以做成 V3。

V1 只需要花 10 分鐘就可以做完。

V3 則需要 3 天才能打磨的非常漂亮。

如果時間不夠，那麼我們就會傾向先開一張票，先實做 V1 的版本。

再開一張票，是在上線之後「將 V1 重構成 V3」，這樣就不會在上線之前，耽誤了太多時間。畢竟 V1 也能 Work。

在高標準的團隊工作，有時候我們難免被自己內心的完美主義糾結住。

然而在 Remote（遠距工作）時，每個人還是只有 24 小時，然而溝通成本變大了，意味著能投入工作時間變少了。

> **團隊之間應該強調連結協作，而不是單獨作戰。**
> **所以提交成品的戰略，**
> **應該是多次提交，逐漸重構。**

而不是一口氣悶大絕招，一次到位。

PART 5

成為管理者篇

5-1

管理者在遠距團隊的角色

寫這本書之前。有個朋友問我。遠距工作時代，如何定義管理者的角色與職責？

我覺得這個問題非常的好。

很多人對於管理的印象，就是管理者要負責「管」員工。

> **但是，在遠距團隊裡面。**
> **基本上的協作方式是「自己管自己」，**
> **又或者是「制度」管著「所有人」。**

因為溝通成本高昂，過去在辦公室裡，一對一溝通與監看這件事，是無法達成的。

我非常喜歡歐美管理學的一個「僕人式領導」的概念，經理（管理者）反過來是服務大家的。

在遠距工作裡，經理的任務並不是命令大家。他比較像是一個流程引導者與任務分發者。

不需要有一個人去催促進度向前。經理比較要做的是：

- 管理邊界。（不要多做了這個里程碑裡面不需要做的事）
- 排除困難。（負責排除大家遇到的流程問題或者是生產力問題）
- 主持會議。（把控會議的效率與重新聚焦目標）
- 改善設計流程架構。（看書充實自己，提升每個環節的協作效率）

✿ 管理邊界

管理者通常是比較有經驗的工作者升任上來的。通常對於底下的人，做一件事情需要花多少時間，能夠準確的估算。

比如說我做專案可能可以很準的原因，就是我寫程式碼的速度，約是 Senior RD 的兩倍，Junior 的六倍。

所以通常拆完票之後，基本上就只要乘上 2，或乘上 6，就大概知道一般工作者要花多少時間完成這個任務了。

而一個專案通常超時做不完，不是工作者能力不夠，而多數可能是：

- **溝通不良**
- **多做了**
- **沒預料到隱藏危機**
- **大家像無頭蒼蠅一樣沒有優先順序概念**

所以管理者的工作，就是監視著每個里程碑的進度。

果斷的斬斷 Nice To Have 功能，或者是加速推一把，完成該週的進度，導引著大家的方向。

✿ 排除困難

專案遇到瓶頸，除了原先溝通不良的問題外。其實工作者還有害怕溝通的問題。

害怕溝通，可能是覺得自己遇到的問題：

- 太小沒必要提出
- 提出之後被看不起
- 不知道不提出會造成災難
- 找不到資深的人可以幫忙

這也是職場上最常遇到的協作問題。

之所以有站立會議，就是希望利用這個機制，推動整體的進度，以及挖掘團隊成員裡面遇到的困難，有些 junior 卡好幾小時的問題，其實只需要 senior 的一分鐘 debug 時間。

有時候這些協作不會自己主動發生，所以管理者可能要當催化劑，主動推動這件事情的發生。

✿ 設計且主持會議

工作上會有大大小小的會議。很多會議是沒有必要召開的。

透過遠距工具（如 Slack、Redmine、Wiki、Standup Meeting Note），就可以降低很多不必要會議的發生。而且許多公司的會議往往是天馬行空的。

所以管理者的一大工作，應該是去設計且主持會議，確保大家可以在限制時間內（如 30 分鐘內），得到確切可行的執行方案以及 Followup 的追蹤計畫。

比如說我們公司多半時間只開三種會：Standup Meeting、指揮官會議、After Action Review 三種會。

其餘的小會，透過機制的設計，基本上都可以用先提出方案模版，再透過 Slack 投票解決。

基本上都不需要強行佔用大家的時間七嘴八舌胡亂發想，卻沒有結論。

✿ 改善設計流程架構

每個公司有不同的工作型態，我在這本書裡面提到的也只是一大部分我覺得每個遠距工作者，應該都可以套用的技巧。

比如說透明化、非同步化、快速迭代等等概念。

但事實上每個團隊會面臨的挑戰是非常不相同的。

所以我認為管理者，每天的時間，並不是去投入下去也一起工作。而是空出時間，監看著團隊的流速變化，檢討流程上的瓶頸。

專注在溝通與效率的瓶頸，尋找各種工具與方法，加速團隊協作。

讓遠距工作能達到比 inhouse 更高的效率。

作為一個管理者，其實光這四件事，就夠忙了。

我在 2014 年當 Engineering Lead 時，在後期基本上是沒有時間寫 code，我的任務基本上就是負責派票，改流程，做新的自動系統與流程。

光這些事就能佔滿我的所有時間了。

（真的是所有時間。我雖然不寫程式碼，但是每天光過票就能要

快要了我的命。）

　　但是我們當時的輸出效率也非常之高，一天至少能完成 15 支以上的 pull request，整個公司一天同時在流動的票至少在兩百張以上。

5-2
Inhouse 管理者
如何轉型成 Remote 管理者

這個議題，在我的管理者朋友裡面，相對是比較被重視的。因為世界上絕大多數的公司，都是 Inhouse 型態，Remote 管理者絕對是佔少數。

Inhouse 團隊管理者與 Remote 管理者，在管理方法與風格上絕對會有非常大的差異。

那麼一位 Inhouse 團隊管理者，應該如何學習 Remote 管理技巧，又應該從哪裡開始著手呢？

這裡我有五點建議。

⚙ 1. 建立 SOP

Inhouse 的團隊信息流通成本，絕對是遠比 Remote 團隊低廉的。甚至有時，你得成了 Remote 團隊後，才會發現自己的團隊其實內部有很多協作問題。

這是因為「那層空氣消失」了，在辦公室團隊裡，每個成員都可以拿到自己想要的信息，管理者可以比較輕鬆的掌握每個成員工作進度、狀態、貢獻。團隊成員可以比較輕鬆的找到同事協助、或求助。資淺成員也容易在前輩身上學習。

進入 Remote 遠距工作團隊之後，這些便利消失了，造成的結果就會是每個團隊成員都陷入一陣伸手不見的五指濃霧當中。

我覺得在這片濃霧中。第一優先的要務是建立 SOP。

在 Inhouse 公司裡面裡面，每個團隊其實比較像是一個特殊任務小組。這個團隊會有比較明顯的主線任務，以及一些次要任務。

及早的建立 SOP 是我認為最重要的事，因為 SOP 的存在可以統一大家工作的標準，並且節省大家問詢的能力。（避免寶貴的上班時間，結果大家都在問基本的流程問題。）

這有點像是大家雖然身陷了濃霧，但卻暫時不要緊，身為隊長的你發了一份可以同步的地形地圖給大家，即便大家還是看不見彼此。但是起碼在行走時，不容易進坑。

> **如果團隊需要太多工作指南才能共同協作，不知道要從何開始建立起。我建議可以從彼此摩擦最大的協作問題開始解決起，建立 SOP。**

比如說，工程團隊的話，最大的瓶頸可能是程式碼彼此的風格不一致，提交程式碼的習慣不一樣，導致合併程式碼時會出現很多問題。

那麼我就會先建立一份程式碼風格指南，以及一份程式碼提交事項，來大大降低彼此之間的摩擦。

接著每週觀察大家最大的瓶頸，比如說開會沒有效率，那我們就著手建立開會的模版。網站上線會出現一大堆低級 BUG，那我們就寫一份上線檢查表。諸如此類。

這樣連續運作個 8-12 週，團隊就會趨於高效、穩定。

✿ 2. 建立同步機制、導入專案管理系統

第二件重要的事，就是導入同步機制以及專案管理系統。

在 Remote 時，讓團隊成員最不心安的是：

- 不知道自己接下來要做什麼任務
- 不知道自己任務什麼時候該交
- 不知道自己任務達不達到標準
- 不知道缺東西了要跟誰要

簡單的總結就是沒有人知道隊友在幹嘛，這在打遊戲裡面情景，就很像蒙著眼睛亂開槍。

所以建立一個同步的專案管理機制，比較是發給大家可以同步的 GPS 即時顯示器，即便有濃霧也不用怕。

✿ 3. 建立 Work with Me 機制

第三件重要的事是建立 Work wirh Me 機制。

一個正常的團隊裡面通常有 5 ～ 10 個人的編制，在公司裡面，有時候我們是無法一個人獨自完成任務的，需要協作。

以前在辦公室裡面經過朝夕相處，你大概知道什麼時後可以攔下同事向他求助，也知道怎麼跟這位同事交流更高效，更知道這個同事喜歡什麼，不喜歡什麼。

矽谷金融新創公司 Stripe COO：Claire Hughes Johnson，發明了一個 Work with me 方法。他在成為 Stripe COO 的非常初期。就發給他了團隊成員一份 memo，就叫 Work With Claire。這份文件主要分為幾個章節，分別是：

- **OPERATING APPROACH**
- **MANAGER HANDBOOK**
- **MANAGEMENT STYL**
- **COMMUNICATION**

詳述如何跟他工作，他偏好的協作方法、溝通結構、團隊價值觀。

讓每個人都知道如何容易的對方合作。

這有點像軟體團隊的 API 文件一樣。

> **這樣做的好處，是不用大家互相猜來猜去**
> **如何跟一個人合作最有效率，**
> **自己就先把自己偏好的工作方式同步給大家。**
> **省去猜疑與磨合的時間。**

✿ 4. 建立 Onboarding 手冊

任何團隊不可避免，一定會遇到擴張、補充新人的問題。

以前在 Inhouse 的時候，補新人不是什麼難事，只要讓他加入團隊，用「空氣」磨幾個星期就能開始。

但是在 Remote 時，這件事卻相對困難。新人一樣會不知所措，不知道該干什麼，不知道如何做最好，不知道要找誰取得協助。

在 Remote 時，打斷別人溝通求助的機會，是珍貴的。但新人得把這些機會全用在問「非常基本」的問題。新人會非常挫折，老人也會非常挫折。

有效解決這個問題的方法，是建立起新手 Onboarding 手冊。這本手冊有點像是玩遊戲時的前導關卡，讓新手加入「這局遊戲」時，知道如何進行基本動作的手冊。同時也能自助解決非常多問題。

這本手冊跟 SOP 手冊有相當大的不同。具體 Onboarding 作法，我會在本書裡面其他章節另述。

⚙ 5. Remote 工作手冊

最後一件事，就是建立一本公司的 Remote 工作手冊。

Working Remotely 本身就是一套技能，而且是一套需要經過訓練的技能。

公司轉型成 Remote 公司固然能讓你找到更好的人才，但是不是每個人才一進公司，就懂得如何遠距協作，甚至融入公司特有的遠距協作流程。

這時候一本 Remote 工作手冊就會非常重要。

各位讀者可以採購本書送給新員工，或者基於本書的體裁，改編成一本自己供內部使用的工作手冊。

以上五個建議，就是我給 Inhouse 管理者，轉型成 Remote 管理者最重要的五件需要先做的事。

解決了這五個問題，基本上能夠解決掉你團隊遠距工作裡面 80%出現的問題。

PART 6
精力管理篇

6-1

在家中建立專屬工作區

✿ 不要誤判在家工作的難度

轉為遠距工作後,許多人的選擇是在家工作。

然而,在家工作,其實有很多「想像不到的缺點」。

原先,大家以為換到家裡,省掉了通勤時間。又可以自己調配在最高生產力的時間工作,且又是熟悉的環境,應該會更高效率?

但卻不然,轉換為遠距工作後,許多人紛紛抱怨,在家上班是它們人生最夢魘的一段上班經歷:

- **太多干擾**:家人時不時的就會闖入你的工作區打擾你,叫你做家務。小孩動不動就會想找你玩。結果工作一直被打斷。
- **太多誘惑**:家裡太舒適,有冰箱、床、電動。有時候休息太方便,就多待了一會,結果工作時間就不夠用了。
- **日夜顛倒**:本來以為在家工作方便,時間也自由,結果沒有明確的上下班時間,常常要 22:00 才能正式下班。
- **設備簡陋**:大家都是切家中一角,作為自己的正式辦公區。但自己的辦公區遠沒有公司寬敞高效,做起事來卡手卡腳。

這其實都是誤判了遠距工作的難度。

✿ 千萬不要以為在家工作時間更多

許多人遠距以後，只想到了自己省下了大額的通勤成本，卻沒有計算自己的精力成本。

是的，在家遠距工作，對一般上班族來說，可能是省了至少來回各一小時的精力耗費與交通成本。

但是，省下來的時間，不一定都可以拿來利用。因為對一般人來說，清醒的時間精力也是有限的。

在公司工作上班八小時，因為有同事的監督，而且也有上班時限，所以大家並不會在這段時間做私人的事，而且一定會盡量在八小時內做完工作要求。

但是因為遠距工作時，並不會有趕著回家的限制，也沒有人會看見你正在處理什麼事情。

所以有些在家工作者，常常會在一個工作時間段裡面，公私混淆，玩一下小孩，去休息區玩一下電動，出去辦一點事，反正省了上下班通勤時間，時間變多了，浪費一下也無妨？

這麼一輕忽，突然很多工作者就發現，雖然自己改成在家上班了，怎麼反而時間永遠不夠用，事情做不完！

✿ 一定要畫出家中工作區

我認為，如果你想要在家遠距工作，第一件事情，就是要在家畫出明確且專業的工作區。

> **進入家中工作區即上班，家人不得打擾。**
> **離開工作區即下班，可以自在放鬆。**

如果不建立專屬的場域，那麼很容易會掉入前述這樣的陷阱。

我多年以前進行 Remote 時，也掉入過這樣的坑，但是隨著時間久遠已經淡忘了。

2020 年的 COVID-19，我也受到疫情影響，選擇在家辦公。既然要在家辦公，就要裝飾的舒適豪華，結果沒想到反而讓自己生產力嚴重下降。

我將自己的臥房裡的一大區，既裝上了大電視、也配置了休息區，沒想到迎來了前所未有的生產力大下降。

隨時可以看120TV, 打 fallout 76, NDS
設在臥房裡

在這一區工作時，我常常覺得自己體力不太行。好像沒做什麼事，就 burnout。而且，一覺得工作枯燥就跑去打電動。整天搞得沒日沒夜。日子過得很快，但總體工作輸出卻大輸以往。

後來，因為家裡冷氣壞掉，但是天氣又變熱，我就暫時搬去旅館辦公，等冷氣裝好。神奇的是，我在旅館這一週，生產力竟然回來了，我租的旅館與一般房間不太一樣。是有明確的臥房與辦公區的。

我立刻明白是「上下班邊界」的問題。

我以前也有陣子睡在公司裡，公司裡啥都有，有飯有電動，但我仍然效率極高。原因不在於我不受辦公地影響，在公司，我還是有明確的臥房區與辦公區的。

於是我從旅館再度搬回家以後，立馬就在家裡找了塊地區，把我辦公的設備直接獨立搬出來，在這一塊區域裡面，我限制自己只能工作。

果然，我辦公的效率馬上就得到飛速的提升，生產力噴發。

6-2

建立明確的時間區隔

✿ 在家也要打卡上下班

除了隔開工作區域外，我還建議一招，就是建立與上班一樣的工作區段。

在專屬的時間內，只做工作時間的事。

這並非是也叫你在家裡面朝九晚五，你當然也可以找尋自己最佳的生產力時段，在這段時間上班。

只是，千萬要記得 clock in，clock out。

在家上班，面臨的另外一個挑戰，就是上班上著，忘記時間、忘記進度。

以往我們在辦公室時，比較不會有這樣的問題。辦公室人走來走去，當人潮湧動時，你大概就知道現在要吃飯還是休息了。辦公室窗外的陽光，也會讓你知道現在大概幾點鐘了。

正常來說，在辦公室上班比較不太可能出現那種「上網不小心被有趣的事物鉤住」，結果「不小心一直看一直看」，「一回神已經要下班了，但什麼事都還沒做」的程度。

但是在家上班，卻很容易發生這種慘劇！一回神都晚上六點了，但啥事都沒做。

⚙ 設定有效的時間提醒

那麼要怎麼解決呢？

我過往的方法，是會設三個「吃飯鐘」，分別是：

- 11:30
- 16:00
- 20:00

因為程式設計師是一個高度需要專注的行業。

很多時候，我們不能停下來，是因為 bug 正解到一半，要是一打斷就得重頭再來。所以，一旦開始就不可能輕易停手。但是，我發現有時候這樣卻會陷入死胡同。

有時候拼命解，解不下來，不是因為運氣不好。而是因為接近吃飯時間，我已經低血糖了自己卻不知道。於是老是原地打轉。

於是，後來我就在手機裡面設立幾個吃飯鐘，提醒自己要停下來。

後來意外發現「吃飯鐘」有更好的用途。

這幾個鬧鐘不但可以把我從寫程式碼裡面拉出來，也可以幫我從「不小心被有趣事物」鉤住的情況拉回來。

如果我被有趣的事情纏住了。

11:30 的鬧鐘響了。我可以即時回神趕緊準備 13:00 的會議材料，還有足夠時間。

16:00 的鬧鐘響了。我可以即時回神，離下午 19:00 下班還有 3 個小時，我能把進度趕回來。

20:00 的鬧鐘響了。我可以先去洗個澡，先去精神充電。準備 22:00 我想要深入研究的材料。

這幾個打斷鐘，有助於把我從漫無邊際的
時間黑洞，拉回正軌。

6-3

找出自己的黃金時間

⚙ 你是否擁有自己的時間表規劃？

有讀者可能會好奇，我是怎麼管理我的工作時間的？感覺一天到晚我人都在線上，好像都不用睡覺一樣。

而且平平是 24 小時，為什麼就「產出」來說，還是別人的好幾倍。

事實上，我還是睡覺的，只是我作息與其他人不太一樣，我的休息方式是屬於間歇式睡眠。

生產力時間	開會時間	垃圾時間
22:00-02:00	11:00-11:30	16:00-17:00
14:00-16:00	13:00-14:00	18:00-21:00
07:00-09:00		

從這張圖上，你可以看到我起居的時間跟正常人是不太一樣的。我在

- 07:00-09:00
- 14:00-16:00

- 22:00-02:00

最有生產力。

而我跟公司同事、外部廠商開會的時間。大多是集中在兩個時段：

- 11:00 - 11:30 （小組 standup）
- 13:00 - 14:00（員工大會或者室外部廠商）

而我最沒有生產力的時間是

- 16:00-17:00
- 18 :00-21:00

每到下午 16:00 我就坐不太住，會開始在公司走來走去、逛來逛去，騷擾同事看進度，然後 18:00-21:00 的時候，我基本上在看劇。 22:00 又回去電腦前工作。

如此混亂自由的時間表，就是我生產力的秘密。

✸ 你是否知道自己的生產力時間？

但各位讀者一定會覺得，我因為是老闆，時間才能這麼自由吧？

不是的，我同事也是相同自由。基本上我們只有強制規定 Standup 時間你得出現而已，其他時間我們根本不想管你在幹嘛，想睡就睡，想吃就吃。自己安排時間。

> 其實這也還是與上一條的原則一樣。
> 每個人的每一塊時間價值不是相等生產力的。
> 所以你應該去找出自己什麼時候高產，
> 什麼時候應該去開會。

舉個例子來説，你知道你什麼時間去工作，工作成果能夠 X3，什麼時候不適合工作，勉強工作只有 0.5。你就應該把黃金工作時間都排在 X3 那一區。

唯一需要注意的是，雖然我們尊重每個人的時間。工作還是：

- 得準時在換手時間交。不能造成其他人嚴重返工。
- 可以 AFK（away from keyboard），但是要知道怎麼聯繫、怎麼換手。

6-4

自己設定期望

☼ 你在被動接受任務模式？還是主動設計任務模式？

在家工作與在辦公室上班，我認為最大的一點不同，在於主控權。

在辦公室上班時，除非你有高超的工作技巧，或者是你的職位特殊。多半時候，幾乎大多數工作者屬於「被動模式」。也就是你的一天行程是被其他人設定的，比如有人會指派你工作、請你幫忙接手一些事、你需要等待上家給你半完成品，以進行下一行程的加工。

> **但是在家上班的好處，我認為最大的好處，是你可以掌握「你今天的大目標與進度」。**

而且，在遠距工作時，你也必須這麼做，否而會累死！

多數人切換到遠距工作模式會容易 burnout 的原因，多半在於還處於被動接受任務模式。

於是他得花上很多精力去 check 人家還需要我幹什麼。

- 花在催別人做好沒。

- 花在等別人給我稿件。
- 花在跟別人溝通。

相反的，如果你身在遠距模式，應該反過來用使用主動模式。

✿ 什麼是主動設計任務模式？

也就是今天的一開始，首要任務不是 check mail，而是先對自己設定一個大目標。然後再將可能擋住自己的任務一早就拆出去給別人，然後再檢查別人需要你配合什麼。

如此一來，你就可以控制整天的節奏，而非被無休止的打斷耗掉所有精力。

一個實際的訣竅如下。

我每天早晨一進辦公室，就會 Review 我昨天 Standup Meeting 的 Note，確定

- 我昨天做了什麼？
- 我昨天遇到了什麼困難？
- 我今天想要請別人幫我處理什麼困難？
- 我今天認為重要的任務是什麼？

確認完畢，才會去開始接收別人對我的請求。

6-5

在家工作不是放假，
只是增加工作時間運用彈性

✿ 為什麼你們的遠距模式會失敗？

初轉成遠距工作模式的工作者。一個很大的坑，就是容易將在家上班這件事，視為「自由放風」。

遠距工作有分兩種，一種是五天全遠距。有一種是四日辦公室，一天遠距。

後面這一類的型態，如果沒有經驗的團隊，很容易失敗。

為什麼呢？很多企業想要在未來的某一日，全員遠距。但又擔心實施成本。就希望先部分遠距。每週先挑一天來進行遠距工作。

至於哪一天，讓工作組自己選。

而我見過大多數失敗的團隊，都是選「週五」進行遠距工作。

我朋友曾經請教我，該將「在家上班日」設定在哪一日，對小組效率最好呢？他直覺週五不太好，但是又不知道選哪一天比較好？

> **我說這沒什麼好選擇的。其實大家只能選擇週三而已，週三是最好的選擇。而週五是最差的選擇，選週五的團隊，在遠距實驗上大多會失敗。**

他非常驚訝，問我為什麼。（它們小組剛選擇週五而已。）

其實這是人性選擇。許多工作者，會下意識選擇週五，是因為周五與週末假日連在一起，大家想這對安排自己行程最為靈活。

⚙ 巧妙挑選遠距工作日，讓團隊效率意識提升

而且大家都會這樣想。我可以選擇週五、週六放假。然後週日再把禮拜五的工作做完。或者選週五放假、週六幹活、週日放假。

但，想是這樣想，實際卻不是這樣做。真到了開始實行的時候，絕對都是三天都拿去放假了。

如果小組將在家上班日設定到週五，那麼幾週後，大家一定會後悔（我遇過好幾個團隊都掉過這種坑）。看到效率降低，就想要停止在家上班，或改到週三去。因為將在家上班日放在週五。過兩三週後，大家都覺得工作效率嚴重下降：「工作日整整少一天」，什麼事都做不完，還要在四天裡面瘋狂趕進度。

你也許會反駁。不可能大家都這樣管不住自己吧？我們之前國定假日三天連假時，我們週五雖然放假，週六還是會忍不住無聊，自發做公司的事啊？

是啊！那是幾個月才一次的三天連假吧？如果每一周都是三天連假的話呢？你控制的住嗎？

我知道很多人都沒有經歷過這種假設。所以一定要踢到鐵板才會知道我說的是什麼狀況。

我來幫大家 run 一下，設定週一到週五可能會出現的情形：

- 週一：no way。許多廠商都是周一打進來需要聯絡。瘋狂忙得要死，一定要進辦公室。

- 週二：有點危險。週一才剛開完會決定我們要做什麼，週二剛要啟動又沈下去了。
- 週四：有點危險。週四在家上班，週五又來辦公室。好像多此一舉。
- 週五：一定會被大家拿去放連假。
- 週三：剛剛好。兩天上班，一天在家專心處理需要花時間處理的公事，兩天上班，兩天放假。

這就是為什麼我說，只有禮拜三是好選擇而已。就算是完全反過來的團隊（四天 Remote，一天辦公室）的團隊，選的也往往是週三。

✿ 遠距工作日，其實是專注工作日模式？

> 一般工作者可能會以為在家上班日是
> 「彈性自由運用」的。
> 其實恰恰相反，所謂在家上班日，
> 最好的用途其實是用來處理需要
> 「大塊完整時間」的公務。

什麼是需要大塊完整時間的工作？比如說全新創作、專注研究，或者是集中處理極度消耗時間的公務（集中跟外部廠商開會、簽約、談判）。

所以這一天是拿來多塞大型笨重任務，減輕其他工作日壓力的。而非是拿來當作假性假期揮霍日（上街買菜、去銀行辦事）的。

工作者真的要非常小心，才不會掉入這樣的陷阱。

» 遠距工作不是時間變多，而是更需要精力管理

精力管理可以說是遠距工作，最重要的環節。

要是不懂得管理在家工作的精力，在家工作到過勞死可能也是非常有可能的事。所以我這本書裡面，絲毫沒有提遠距工作可以更輕鬆這一件事。

當然，在家工作意味著你可以節約居住成本、交通成本、能更以自己舒服的配置，與相對無人干擾的時間進行工作。

但並非指我們有「多一點時間」可以揮霍，每個人都只有24 小時，並不是實行遠距工作，每週就能讓大家多出幾個小時揮霍。

這也是我希望各位在實行遠距工作時，特別注意的一點。

6-6

遠距工作，如何為自己
客制化生產力配置？

✿ 不要在咖啡店辦公

有些朋友會問，家裡工作區不大，且干擾太大，建議去咖啡廳上班嗎？

這個問題分兩個解法。

如果你是只有在家工作一天的半遠距族，我建議在家工作這一天，你乾脆就排滿開會行程，佔滿自己時間就行。也不用考慮什麼工作區不工作區，沒太大意義。

如果你是整天在家工作的全遠距族。我認真建議，你去商務中心租一張桌子，或是認真的在家隔出一小區座位，自己手動裝修成辦公區的樣子。

而且要符合幾個原則：

- 能夠見到太陽光
- 踏進此區有明確的工作感
- 禁止任何遊樂器材
- 禁止任何食物

我知道很多遠距族，為了節省預算，所以選擇在咖啡廳辦公，原因有幾個：

- 在咖啡廳莫名其妙的比在家上班有生產力
- 在咖啡廳有吃的、能上網。成本還低廉（一天只要花費 300 ～ 500 台幣而已）

但是，我十分不建議。

因為在咖啡廳上班生產力比較高又省錢，其實只是一個錯覺而已：

- 咖啡廳比家裡上班有生產力的原因。在於咖啡廳切開了上班與下班的場域界線而已。
- 咖啡廳的配置，是設計成提升翻桌率用（希望當天更多來客），不是給你辦公用的。

我時常想不明白，咖啡廳的椅子這麼難坐，桌面這麼小，到底有什麼生產力。特別是咖啡廳其實也不希望你這麼做，如果大量人跑去咖啡廳辦公，那這間咖啡廳生意也會挺危險的。

我以前辦技術社群聚會時，我發現歡迎我們辦聚會的咖啡廳，往往過不了半年，就會倒閉。剛開始以為是我們倒楣，後來才發現並不是，真正的原因是這些咖啡廳，本身生意就不怎麼好，原本咖啡廳是求翻桌率的，不希望客人佔位。但是因為它們實在生意太不好，於是我們週聚會反而成了它們的大收入來源。

當然，也因為它們生意不好，於是它們才會歡迎我們去辦聚會。如果熱門咖啡店，我們根本不可能包下來辦聚會。

總之，咖啡廳是別人營生的工具，咖啡廳的桌子也不是設計來辦公，而是設計來提升咖啡廳周轉率用的。我建議，如果你要正經做事，還是去商務中心租一張桌子，比較合適。

再來，如果你一天到晚在咖啡廳工作，其實花的錢也未必比租一張桌子省錢，我建議還是老老實實的去租一個獨立的辦公空間辦

公。

　更何況，咖啡廳也不是什麼「網路安全」的場所，如果你從事的工作有一定敏感性。在外工作上網：

- 很有可能筆電被偷
- 不安全的網路，容易不小心洩漏一些敏感資料。

　實在不是什麼好選項。

✿ 申請一些經費，好好裝修自己辦公區

　有些朋友。覺得去租一塊辦公區，預算上不太過得去，我建議可以跟老闆談談。

　主要如果你是「全遠距工作模式」的話，本來辦公室費用對老闆來說就是一份可以省下的開支，每個工位原本就對雇主有一定的成本在那裡。

　你可以跟老闆談談遠距工位補助的事情。（老闆不一定會答應。有一些遠距職位本身薪資就高，就含了這些補貼。總之可以談看看。只要老闆認為投資在員工身上值得，多半會答應。）

　另外，除了獨立工位外，我也建議好好投資一下自己的工作區設置。

這裡展示一下我平日的工作設置：

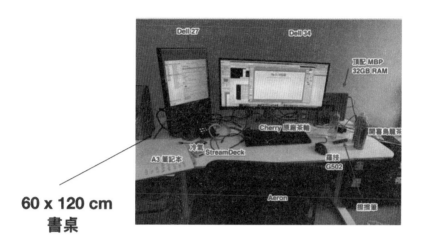

這是專為我的工作（程式設計師、作家）與生產力所優化的特殊配置，值的注意有幾個地方：

1. 大桌子

在程式設計師界有一個都市傳說，生產力高低取決於桌子大小（紙質筆記本大小）。所以在我們公司，每個程式設計師都有非常大的桌子。

桌子大的好處，在於帶來的辦公寬闊感，潛意識不需要對桌子上的東西閃來閃去，因此能心無旁騖的專心在編程上。

另外一個附帶的好處，就是可以堆放研究資料，我們在編程時總要翻很多書，甚至畫很多原形稿與架構圖。 160cm 的桌子可以讓程式設計師堆的到處都是，但是卻絲毫不覺擁擠。

2. 雙螢幕

我慣常的配置是 27" 螢幕 + 34" 螢幕各一支。

34" 螢幕是我撰寫程式碼的主螢幕，34" 螢幕是我試過工作最好的 Size。

34" 如果要劃分工作區的話，可以大致上切分為三塊。螢幕大跟大桌子的好處是一樣的，程式設計師工作時，無非就是編輯器、命令列、瀏覽器三個窗切來切去。那麼一塊 34" 就能解決這個問題，減少切換螢幕時的挫折感。

另外一塊 27" 的螢幕，則是可以選擇的選項。

我是來放一些獨立視窗，比如說不想不小心被切掉的瀏覽器視窗、跑在背景的命令列視窗，公司的 Slack 對話窗等等。

大螢幕真是非常有必要的一個配置。

我過去若在日本或美國出差，要是我會在同一個地方呆上 5 天，在出發之前，我一定會上 Amazon 訂一塊 27" 的便宜螢幕到旅館。

一塊便宜的 27" 螢幕大概是 170 USD 上下，攤到 5 天，一天約是 35 USD 左右。

看似出差多買一塊螢幕，然後還不帶走很浪費。

然而，試想哪一個旅館會願意讓你多付 35 USD，就多給你一塊辦公用電腦螢幕？

但是一塊 27" 的顯示螢幕，在出差時所帶來的生產力卻不言而喻。

3. Aeron 椅子

我是 2008 年就成為 Herman Miller 這張 Aeron 椅子的愛用者。

這張 Aeron 椅子最神奇的地方在於，當你第一次坐這張椅子時，你並不會覺得這張椅子有什麼特別的。

但是，當你坐了一個小時兩個小時，再換坐其他椅子時，你會覺得其他椅子簡直是垃圾，在上面根本坐不住。

是的，這張椅子就是這麼神奇。

坐在這上面根本不會累。我當初買了第一張 Aeron 時，原本覺得這張椅子貴到讓我心疼。結果我幾個月以後就買第二張椅子了，公司一張家裡一張。

後來，我在創辦的公司裡面，也是讓同事一人一張。

原因無他，這一張椅子可以讓工作者大幅提高生產力，到完全不會累的境界。

我剛買椅子時，感受到最厲害的威力，就是我可以連坐這張椅子專注寫程式碼，連寫 12 個小時（10:00-22:00），完全不會累。（我 25 歲時。）

當時年紀輕也是一個關係，但是，坐公司配發的椅子（一把 1500），不用 2 小時我就腰酸背痛了，坐 3 ～ 4 小時我就覺得今天體力就燒乾了。

直到現在（37 歲），我仍工作時精力旺盛，也是全仰賴這張椅子。讓我可以坐在椅子上專注工作非常久，產出高質量的程式碼與文章

買了這張椅子之後幾年，我才體認到為什麼矽谷網路公司，對員工非常好，每人都配發一把這樣的高級椅子。

一方面是這張椅子在歐美相對便宜，在歐美 Aeron 一把椅子價格大約是 900 美元。台灣則是 1700 美元。這 900 美元對比每個員工的薪資成本，簡直是小的微不足道。

用這麼低的成本，
買回「員工失去的注意力」簡直太划算。

讓我給你打個算盤。你就知道為什麼矽谷都願意這麼大手筆買這張椅子了。

矽谷的薪資相對高，假設一個程式設計師薪水年薪 15 萬美金，一個月的薪水是 12500 美金，所以一天的薪水是 12500 / 22 = 568 美金。假設一個僱員每天上班 8 小時，一個小時薪水是 71 美金。

然而，僱員總會累，如果一個僱員坐到不好的椅子，容易分心，容易累，會去站起來閒晃或去買東西什麼的。如果坐到不好的椅子，平均上班 8 小時，它們專注在工作的小時甚至是 4 小時不到。說不定還有 1 個小時甚至是站起來閒晃或去干其他事。

假設一天損失 71 美金（一個小時）， 71*22 個工作天就是 1562 美金。

在矽谷，Aeron 這把椅子才賣 900 美金而已，所以給員工買 Aeron 怎麼都是一個划算的生意。

當然，你的老闆未必會給你買這一張椅子。但是我強烈建議你如果在家遠距工作，可以買這一張。我當時也是因為買了這張「椅子」才得到後面的「幸運」的。

原因是，這並不是一筆消費，而是一筆生產力投資。

很多生產力設備看起來雖然單價高，但是能夠提升的個人效率，是遠遠數倍於他的售價。不需一時執著價格。要想的是能帶來的生產力與金錢收益。

⚙ 隨時觀測自己的工作效率

好的遠距工作配置，其實帶來的更多是工作生產力的提升，以及工作心情的提升。

如果你反而有生產力下跌的情況。我建議最好放個攝影機，拍拍自己一週的縮時攝影。檢討自己的時間被浪費在哪裡。

並且，花時間研究改進。

我認為，遠距是一個很難可貴，一個能自己客制自己生產力環境、以及時間使用的工作機會。

以往我們都會覺得工作上的低效，是因為被公司的環境與工作時段所限制。

那麼現在真的有機會的時候，你會怎麼利用呢？

PART 7
資安控管篇

7-1

管理者必看的遠距工作設計

在網上，搜尋 Remote Work（遠距工作）這個關鍵詞。就能搜到一海票關於 Remote 的工作 Tips。這本書與網上的文章不太一樣的地方。在於網上都是著重於一些心法、原則，而這本書著重於如何實踐。

Remote 工作流程，其實也是近十年才興起的，而且多半集中在軟體團隊。

這是因為 Remote 需要大量遠距工具輔助，所以其實在初期只有軟體團隊，比較懂得如何用工具借力使力。

而隨著工具的進步，這樣的工作型態，也漸漸開始普及。

不過，Remote 一開始真的是比較難以入門。一方面是因為在網上談 Remote 的人，多半是提倡 Remote 工作者，為了吸引更多人入門，寫的多半是好處推銷，以及一些雞湯心法。

再來，撰寫 Remote 文章者，很多人屬於「Remote 用戶」，也就是他並不是公司 Remote 工作框架設計者，所以這些作者多半只能寫出「感覺」，而寫不出「背後策略細節」。

所以許多人光看這些網上文章，還是不得其門而入。

> **我撰寫這本書的動機，就是想要以**
> **「遠距工作框架設計者」的角度去撰寫。**

　　過去，我帶過非常多軟體團隊，非常熟悉遠距工作、非同步工作，也踩過各種大大小小的坑。但雖然我對這門學問如此之熟稔，一直以來卻沒有寫作動機，因為覺得沒有市場。直至今年的COVID-19，才覺得這本書裡的學問，有面市的必要。

　　Remote 裡面的工作細節訣竅非常多，裡面的坑也非常多。這些坑輕則讓團隊效率降低，重則讓團隊覆亡。所以我非常希望借重這本書，讓市面上的遠距團隊，少付一些這樣的學費。

　　在這一章我們會來談一個網路上比較沒有人談的主題，但也是設計公司遠距框架時必需的，那就是資安的控管。

7-2
使用 1Password Team 管理密碼

資安這個議題十分重要。特別是在 2020 年的這個亂世。我大概在 2020 年初疫情剛爆發（2 月初）時，就跟周遭朋友預警，今年駭客與犯罪事件會十分頻繁，要特別注意自己的財產安全。

為什麼？

這個邏輯十分簡單：

1. 因為疫情關係，許多人在這個關鍵時間點，重點在於保住性命，在家避難。如果公司資產遭受到損失，警察可能也很難顧及，更別說追蹤。

2. 工作上失去公司的安全保護。有一些公司的網路，本身是有安全防禦的，也就是在公司上網，是使用相對安全的線路。但是在家裡，一般人的家用網路是沒有這種安保等級的。

3. 一般安全常識的不足。因為大家都是在家遠距工作。很多工作上的信息，都是透過各樣聊天軟體傳遞。「密碼」與「敏感資訊」也是。而一般人的帳號密碼，十分脆弱，十分好入侵。所以一破就會全部都被破。

> **我們公司內部關於敏感的信息，**
> **一律是禁止使用任何通訊軟體傳遞，**
> **甚至是 Slack 也不行，也不能寫在 Wiki 上。**

取而代之的，我們是使用 1Password 企業版去管理內部密碼。

需要任何密碼，在 1Password 裡面拿，而不是用 Slack 傳來傳去。

用 1Password Team 管密碼有一些額外的好處

✿ 可以管理許多套密碼

像我們公司光一套服務，相關的密碼就有 250 套，用記事本與 Wiki 根本管不來。

因此一定得用軟體管理這些密碼，而這些密碼又需要一定的安防等級。

這就是我們選擇 1Password 的原因。

✿ 可以根據部門管理

不是所有部門都需要知道所有密碼。

1Password Team 可以讓公司依據部門、不同職能，切分員工能夠 access 密碼的等級。

✿ 離職註銷權限與修改密碼

同樣的，也能夠輕易的在員工離職時，revoke 相關的密碼權限。如果要換掉員工能夠存取的密碼，也可以用相同的語法撈出來，一個一個改掉。

7-3
強制所有工作服務都上
Google 2FA

駭客能夠入侵公司網路服務，是有一個固定套路的，就是針對員工密碼撞庫。

網路上很多的社交網站，其實密碼早已都洩漏了。所以現在很多駭客，都是使用自動撞庫的方式，去針對高價值服務的使用者帳號去攻擊。

如交易所帳號、Github 開發者帳號、公司 Slack 帳號、私人 Email 帳號等等 ......

找到高價值帳號，再社交工程釣出相關高價值的一連串帳號。

> **如果你的帳號，沒有 Two Factor 保護，那麼密碼被猜到就會瞬間淪陷了。**

當然，現在某些成熟的網路在偵測到某些帳號，被不同地域的 IP 登入，系統會發信警告用戶，甚至強制要進行 Email 再度認證。

但那畢竟是少數，有些服務設計者是沒有這個警覺性的。

因此，這就有賴於企業裡面的資安內控。

最快速也最有效的方法，就是在能夠開 Google 2FA 的服務上，強制所有員工都必須開上這個驗證。

諸如專案案管理系統、Github 帳號、公司 Slack 帳號、公司 Email 等等。

這裡解釋一下什麼是 Google 2FA，這是 Google 推出的一個驗證使用者為本人的服務。

使用者必須用手機綁定網站提供的加密種子，之後在登入時，輸入根據時間演算推出來的通行密碼，以證明是本人。

這樣就算駭客掌握到了密碼。也無法登入，提供了一定程度上的安全性。

7-4
重要 Portal 使用 VPN 才能登入

因為 Work From Home 的因素，所以員工在家都是使用相對低安全的網路。而咖啡廳與旅館這一些，更是危險的公共網路。

我就有聽說過有其他公司的員工，因為在旅館上網，許多密碼被竊聽入侵的故事。

要防止這件事的方式，就是提供員工 VPN。

凡是在非安全地區（家以外的公共網路），都必須使用 VPN 加密線路，才能存取公司內部後台訊息。

甚至，我們公司的某些重要架構以及後台網址，都必須是鎖公司 VPN 地址的 IP 才能連入。甚至後台網址都不是網際網路能夠存取的公開網址，而是連入 VPN 以後才能正確解析。

讀者讀到這裡可能非常訝異，但是其實我在這本書裡面寫到的都是入門級別的資安架構設計，一般小公司就能簡單的導入。

真正的複雜防禦架構，都可以整章拉出去專門寫成一本書。

7-5

建立公司的安全內規

對於遠距工作。因為所有信息都透過網路傳遞。不是每個員工都有嚴密的安全意識。

在這本書的第一章，我們提到，遠距給團隊帶來的最大困擾，就是溝通頻次與溝通質量的下降。

主要是面對面與人之間的溫度，有可能在視頻與連線之間就消失了。所以一些壞處與「惡」，在 Office 裡面不存在，在遠距時很容易隨之滋生出來。

所以在遠距時，更要設計一些相關架構，去防禦當出現「惡」與「不慎」時，產生的損失。

隨著不同團隊的規模、資產、業務型態。我會建議團隊裡面至少要有這些防火牆：

✹ 低風險業務（業務平常不涉及金錢）

- 密碼禁止透過通訊軟體傳遞。
- 公司檔案只能用公司的公槽傳遞，禁止放在外面的雲端硬碟。
- 與對外的合約書只能透過公司 Email 傳遞。

這是基本的原則。

✿ 高風險業務

什麼是高風險業務。就是公司源代碼、數據，洩漏或入侵會造成公司重大損失。

比如說互聯網公司技術部門：

- 在外上網連公司，要透過 VPN
- 重要機器必須要開雙因子，登入必開雙因子
- 重要機器限制 IP 登入。有異常 pattern 立刻發簡訊通知管理員
- 代碼不放 Github 民用版本，而是改用企業內部架設版
- 文件不放外部協作軟體民用版本，而是改用企業內部架設版
- 群聊改用企業內部架設版
- 公司內部文件設上浮印。

這一個章節深入講下去有非常多細節。有興趣的朋友可以上網看我另外一本公開書籍「互聯網資安風控實戰」。

✿ 金錢相關

凡牽涉到金錢的板塊

- 必須是雙人以上簽核。
- 大金額的呈報，必須至少是電話與視迅會議當面確認，而非透過訊息傳話就做成重大決議。

當然，這裡舉的只是一些簡單的例子與方向。但至少經過了一小輪檢核，可以降低很多公司因為低級錯誤造成的損失。

　　當然，如果員工本人要搞公司，蓄意洩漏公司資訊，或是惡意盜取公司財產，很難有一個萬能框架可以防禦所有漏洞。

　　不過，這些事情，不管在 inhouse 團隊與 remote 團隊都有一定機率發生。而這樣的問題，可以透過法律手段設計，這一點我們會在其他的章節裡面涵蓋這個話題。

7-6
預防社交工程

在遠距協作時，因為團隊大量使用網路工具溝通，現在有黑客團體，也是利用這樣的協作形式，進行釣魚工程。

釣魚工程一般的手法，主要是先假裝客戶，發送釣魚文件。表面上是正常的客服請求，實際郵件裡面暗藏惡意圖片或網址，客服在不知不覺中，就被騙走了自己的密碼。

而黑客拿到了第一個公司內部員工的密碼後，開始掃描這個同事平常的通訊路上有誰，繼續重複類似的操作，只是這次假裝成同事。

用同樣的手法騙到更多的內部帳號與密碼，再開始找公司的聊天軟體、共享軟體上，有什麼值得偷取或拿來勒索的檔案。

而甚至這樣的流程，現在黑客團體都有軟體能完成全自動釣魚。

要有效阻斷的這樣的流程。方法思路如下：

1. 禁止客服點擊由客戶提供的連結。
2. 所有員工一律上 2FA，密碼被盜了還是開不了郵件。
3. 詭異決策一律電話確認。

這樣能一定程度降低被人順藤摸瓜進來的概率。

7-7

遠距工作時要檢核的六個弱點

一般來説。我們在確保辦公室資安時，會檢核以下節點：

- 設備：辦公設備是否被惡意軟體劫持，種下木馬監聽信息。
- 用戶：同事的密碼是否為萬用密碼，是否密碼已在外洩漏。
- 數據：哪些經手的資料，是屬於敏感信息。比如財務數據。
- 網路：同事在用的網路是否屬於安全環境，是否容易被同網路的不肖份子監聽到數據。
- 權限：每個同事是否只能拿到該職級擁有的訪問權限。
- 行為：誰、什麼時候、進了什麼系統。是否有 Log 記錄行為，以及自動阻擋反常行為。

但是在遠距時，因為混用了家用電腦、公共網路、以及大量的 SaaS 軟體，就相對難以確保每個節點的安全。

當然，資安在許多團隊尚處於混亂時期，甚至連生產力提升都還做不到時，是較難以顧及的一個環節。

我知道這本書的讀者，有些可能不是 IT 團隊。對這裡面這些名詞都不是很熟悉。但是轉型成遠距工作，我覺得至少以下這幾件事要作到：

- 開始盡量不要用社交軟體（FB / Line）聊公事以及記事。
- 盡量讓公司的流程集中在專屬的辦公 SaaS 軟件。

■ **先讓散落各地的協作，回歸到安防級別比較高的軟體裡面。**

　　遠距協作架構逐漸開始成形之後，再請團隊之內的 IT 逐一檢核
以及設計機制。建立以及套用本章所提到的一些內部規範。

PART 8

建立遠距
工作團隊篇

8-1

遠距不等於
成本降低、效率提升

⚙ 遠距團隊的管理成本

到了本書的最後幾個章節，我們必須要來聊一下這個話題：「組建一個遠距團隊容易嗎？」

我必須要說：「看情況。」組建遠距團隊確實有其門檻。

這就是為什麼多年以來，遠距團隊對很多公司來說，都只是個「選項」而已。

因為這樣的公司，有一定的「管理成本」。

> **好的遠距團隊，靠的不是「管理」，**
> **而是成員自覺。**

這些遠距團隊裡面的工作者，許多甚至都是資深水準的從業者，也就是它們自己就算獨立開發，也能過得不錯。

但是招聘這樣的工作者，公司得有一定的幸運程度以及吸引程度。

而公司內部協作流程原本就不太良好的團隊，導入「遠距」這個

概念，坦白說並不會節省多大的實體成本，更可能收穫的是效率嚴重下降。

這次也是因為 2020 的疫情，直接強制了許多團隊，正視「遠距工作」這個方法。因為「疫情」，「遠距工作」不再是選項，而變成是「必要」的舉措。

所以，每個團隊也都需要開始學習如何組建一個有效的遠距工作團隊。

✿ 不要小看遠距工作的溝通成本

雖然這本書是一本講遠距工作技巧的書。但卻不是一本安利各位遠距好處的書。

的確，少去辦公室實體成本、員工可以自主安排自己的高效生產時間、可以僱用超出一定地域以外的優秀工作者，這幾點的確是導入遠距的好處。

> **但另一面的劣處，就是溝通成本上升，**
> **以及溝通成本上升帶來的效率下降。**

所以這本書內的多半篇幅，才都圍繞著如何用現代技術以及協作技巧，提升遠距的效率。

也拜科技所賜，要是 COVID-19 發生在 2、30 年前，根本不可能有遠距辦公這樣的選項，科技水準根本不允許這樣的工作型態。遠距工作常用的工具 Zoom、Slack、1Password、專案管理軟體、

共享文件系統等等，幾乎都是近十年來才誕生的科技。

我之所以不斷的強調遠距工作也有門檻，是因為遠距工作未必適合所有的團隊，也未必適合所有程度的工作者。

我見過一些創業者，辭職創業以後，為了節省辦公室成本，想要創辦一個遠距團隊，結果光自己在家工作連最基本的精力管理都做不到，何況招人。這就像沒跑過步，就說自己想要跑馬拉松一樣。

> **節省成本，絕對不該是**
> **轉換成遠距團隊的主要原因。**

✿ 遠距工作更需要高素質的工作者

再來，遠距團隊需要高素質的團隊成員。

有些遠距團隊內部發生許多協作效率低下的原因，不在於協作技巧問題，而是團隊裡面有太多 Junior 工作者（3 年以下工作經驗）。

這些 Junior 工作者，經驗尚淺。不明白「什麼行為會帶給其他團隊成員麻煩」，甚至對於「嚴格的工作規定」感到不屑。

> **「自覺」、「過度溝通」、「幫別人多做一點」，**
> **這是遠距協作的基本要素。**

而這一些品質，很難在 Junior 工作者上找到。我這裡不是說 Junior 工作者沒有這樣的能力，而是你要找到有這種品質的 Junior 工作者，概率較低，畢竟這是靠經驗累積的工作素質。

此外，遠距團隊對於 Junior 開發者的職涯發展，也不是很有利。在一間公司，Junior 能夠成長最快的途徑是，耳濡目染的貼身跟著前輩學東西。而在遠距工作環境，可能 Junior 得到的只會是大量的訓斥而不是耐心拉拔。

如果團隊要成功轉型成遠距團隊。這在一個多數都是資深工作者的團隊裡面，比較有大概率的機會實現。因為，它們要做的只是把可能鍛鍊的溝通環節，想辦法用科技或技巧修復即可。

基本上能夠自己快速轉型遠距團隊的團隊，都有以下的其中一個特點：

1. 創辦者曾是遠距工作者
2. 團隊裡面有人曾經參加過遠距團隊
3. 團隊本身是科技團隊

但我也不是說一般團隊就轉變不了，畢竟現在「遠距」辦公，對世界上很多公司，不是一個「可有可無的選項」，而是一個「必要」的選項了。

這也是為什麼我會撰寫這本書的原因，我希望這本書能夠提升大家轉型成功的概率。

8-2

如何招聘遠距工作者

這是一個非常好但也非常難的問題。

主要要拆成兩個環節去回答。

1. 去哪裡找到能夠遠距的好員工
2. 如何考察想要遠距的團隊候選人

這個問題真的非常難回答。

畢竟招員工難，招好員工更難，招懂遠距工作的好員工更是難上天。

✿ 什麼員工適合遠距工作？

這邊有一個新奇的方法，我們可以反過來想，什麼員工不適合遠距？

以我們這本書裡面介紹的方法，你會發現一些人是完全不適合遠距的？

1. 過於 Junior 還需要人手把手帶
2. 平常做事不仔細、也不會檢查自己工作成果
3. 平常管不住自己的生活作息
4. 平時溝通講沒兩句話就生氣

5. 平常不為人著想
6. 平常會隱藏自己進度不求救
7. 經常把「思考作業」扔給其他人

反過來你就會發現一個特質列表

1. **Senior**
2. 做事仔細、會檢查自己工作成果
3. 會管理自己的生活作息
4. 有耐性
5. 會為人著想
6. 遇到困難主動溝通
7. 會多幫隊友想幾步

這一類的人通常就比較適合遠距工作。

☼ 如何找到適合的團隊成員

跟一般公司相比，招募 Remote 的團隊成員，管道比較少。也不太能用獵頭。

通常，能夠找到這類人才的渠道分為三個：

1. **Conference 上**
2. 公司部落格
3. 同行介紹

畢竟實現 Remote 的公司，很吃氣味相投、認同、熟稔公司產品，而一般招聘渠道過來的員工，較注重薪水福利、環境待遇等等。

同時，Stack Fit 的候選人，不一定是 Culture Fit 的候選人。而想加入遠距公司的候選人也未必是適合遠距團隊的候選人。

所以招聘上非常靠文化、「團隊」形象去吸引這一類的人才。

而這都是靠長期累積，以及公司文化資產，去吸引未來可能的同事。

8-3
如何管理遠距工作者

✿ 遠距團隊不是用管出來的

在這一個章節，我必須反覆的強調，遠距團隊不是用「管出來」的，而是用團隊自覺與公司內部機制去約束出來的。

> **再來 Remote 的團隊，有一個很大的特點，**
> **就是團隊資訊到最後會非常透明。**

因為你幾乎可以在公司內部網路裡面找到所有（可以幫助你）的資訊。但是反過來說，要是有員工心懷不滿，這樣殺傷力也特別大。

而遠距時，有些公司老闆對這件事情會相當擔心，畢竟看不到員工，除了生產力之外，還是有點擔心公司員工的一些操守問題。

比如說上班時間在做其他事，把上班的資料倒賣給其他對手，把公司的代碼洩漏出去。坦白說，如果有員工惡意這麼做，老闆還真的很難做什麼事情去阻擋。

但是，這些問題也不是只有遠距團隊才會有，會倒賣公司資料的人，在 inhouse 一樣也會幹這種事。

☼ 遠距工作時的保密協議

我的建議一般是先小人後君子。

歐美的公司在入職時，通常會請同事簽一份保密協議，而這份保密協議會對洩密有很嚴重的懲罰。

通常在此前提下，員工會有基本一般的自制力。

員工入職得先簽這樣的文件。在我們的團隊中，沒得到簽名前，剛入職的人，是不會得到任何配發的設備與被開通任何的帳號。

以前我開公司時，是沒有這樣防備的。直到我後來被狠狠的社會教育過，發現這個社會上真的什麼人都有以後。公司也因為一些不肖員工遭受損失。各式奇怪狀況我都遇過。因此，現在入職前我都會要求剛入職的人簽上保密協議與工作合約，目的是保護公司。

只要員工基本上不惡意傷害公司，一切相安無事。

一旦如果員工起惡心，那也會遭受一定程度的制裁，這些都得先小人後君子，我的誠摯建議是各位老闆律師費一定不能省。

並不是真的要處罰員工。而是有一定的威懾力。讓員工動手前，先思考這樣做的代價值不值得。

律師費起步價約是 7 ～ 9 萬一年的顧問費，內含一定時數。你可以使用這些時數，去聘請律師幫你設計一些法律架構以及文件。比如保密協議、聘僱協議、離職協議、競業協議、智慧財產協議等等。

律師費千萬不能省，這是創業多年後用無數金錢換來的血淚教訓。

8-4
團隊 Wiki 是遠距工作
不可或缺的重點

如果讓我總結 Remote 會遇到的關鍵字，應該會是這些關鍵字。

Remote 原則（關鍵字）		
公德心	非同步	付費工具
透明	乾淨接口	自律
流動	手冊	檢查點
協作	A3	完整作品

其中我特別想要拉出來討論的是建立 WIKI 這一節，在本書第一章的開頭，其實我有稍稍提到 WIKI 這件事，與一般公司相比，幾乎所有 Remote 的公司，都內建強大的知識庫 WIKI 儲備。

> 為什麼呢？其實到最後，
> 遠距公司都不是由人管著公司，
> 而是制度管著公司，甚至是 WIKI 管著公司。

整個公司圍繞著 WIKI 去協作，並且建立整間公司的技術沉澱與護城河。

為什麼公司內部要撰寫這麼多文件呢？其實，每個人的價值觀與作事方式很難統一。也不可能統一。寫下 WIKI 有幾個好處：

用可見制度管公司，而不是人治管公司

節約重複精力，同事可以自助解決問題

利用這些不成文的做事規則與慣例，構築做事的價值觀

而過往，其實我所帶領的團隊，內部都有相對完整的 WIKI。（PS 不是每一間公司我都有留存 WIKI 畫面）

2017 的 OTCBTC

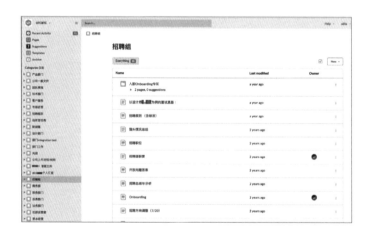

WIKI 之所有重要。是因為公司來來去去很多同事，實在沒有辦法一個一個重複去強調基本觀念，以及重複強化公司的內部價值觀。

但如果一個公司的作事原則，甚至是 Onboarding，都是由日常

Best Practics 累積出來的手冊。

　　除非招聘時出了嚴重偏差。那麼面對不同背景的候選人，作事效率以及行事風格可以用比較快速的時間，達成一致。並且新團隊成員可以從這些原則裡面，逐漸摸索出團隊的價值與原則。

8-5

如何設計給遠距工作者的 Package

☼ 遠距工作應該同工同酬嗎？

這個問題也是一個好問題。

大概在 2020 年 5 月左右，Facebook 決定以後大幅的將公司內多數職位轉型為 Remote 型的工作。但是，此舉後續一系列的配套措施，卻引起了公司內部員工的大幅討論以及掀戰。

原因是 Facebook 絕大多數員工都是在加州的辦公室上班，如果員工以後要在其他州遠距上班，則薪水會遭到「適度的調整」。

於是，許多員工就開始糾結搬家去留問題。

糾結的原因是：

1. 矽谷房價居高不下，如果未來幾年都是這種狀態，遠距工作勢不可擋，那麼在家工作，有必要一定住在矽谷房價這麼高的地方嗎？可不可以選擇居住在同樣時區但是相對舒適的地區呢？

2. 如果薪水被削減，那麼又是被削減多少呢？值不值得因此搬家？

當然，Facebook 也面臨著一個難題。如果不選擇削減離開加州的員工的薪水，那麼勢必會更多人選擇離開加州，選擇更便宜的居住環境，後續出差調配，經費以及溝通成本，可能會上升。

Remote 該不該同工同酬，是個好議題。

那麼其他公司又是怎麼做的呢？我必須要說這是 by case。由於疫情的關係，這次是很多公司無預警的就被迫轉入 Remote 型態，與之前其他一開始就是 Remote 的軟體公司情況不一樣。

我知道的絕大多數 Remote 公司，多半是同工同酬的。亦即如歐美地區，是與美國最高工資的地區同酬。也就是軟體工程師是拿矽谷等級水準薪水。如果是亞洲地區。可能就是拿與北京程式設計師的薪資等級水準。

反正，大概都會是市場上一個在程式設計師眼中，一般 inhouse 公司高上 1.2~1.5 的一個薪資水準。

這樣設計的原因是因為在 Remote 市場，多半是賣方市場，也就是收 Offer 的這些人，多半是大神。大神願意來幫你工作你就要感激涕零了，你還要砍他薪水，這不腦子有洞嗎？

所以市場上很多 Remote 公司戰力超強，實際上是因為它們公司都是高薪的大神程式設計師，只是因為人生的抉擇，選擇了 Remote。

像是 37Signals 的招聘廣告，它們的招聘廣告，第一條就是業內頂尖薪酬。所以在這個議題上。過去可參考的例子都是「同工同酬」。

✿ 員工的福利怎麼辦？

只是在細微施行上會不太相同。因為，全世界的稅、醫保，這一類的成本都不太相同。有些公司，因為行政成本關係。並不會在每個地區真的成立一個公司，去幫員工上社保，或開立薪資單。雖然

是 inhouse 員工，但實際在法律執行層面，可能會是以外國獨立承包商的關係。

也就是員工必須自行承擔一些相關的費用以及風險。但多數選擇 Remote 的員工，我眼見所及，也是樂意接受這樣的條件就是。畢竟誰不喜歡領著矽谷的 pay，卻只有亞洲的 living cost 呢？

當然，一些軟體公司過去都是 inhouse 工作。也未必所有員工都是大神。「同工不同酬」這一波政策，多半「可能」也有順勢「cost down 或者是 layoff 逼退」的意味。

> **企業在考慮政策時，應該去思考，你要的是哪一個方向：costdown 還是 hire best talent？**

關於這個議題，還有員工相關的福利與義務設計，我認為被迫轉為 Remote 的短期之間，可能大家還不會提及。

但接下來可能會是員工最關心的一個議題，然而這個問題並沒有一個大一統的答案。

但我建議可以多加參考那一些已經是龐大體量的遠距公司，它們的遠距「標配」是怎麼設計的。這些文件多半在它們公開的 Handbook 裡面也有記載。

8-6

所有工作都適合遠距嗎？

在寫這本書時，編輯問了我一個很好的問題。所有工作、所有程度的工作都適合導入遠距嗎？

答案是：「不是的」。

⚙ 收益必須大於成本

我很認真的思考以後，發現其實只有某些特定類型的公司，較適合遠距工作。

創作、教育、服務、出版類，這一類工作比較容易導入遠距工作的原因，是因為這些類型的工作，以前被視為不可切割。

但實際上，只要善用現代工具與較好的溝通技巧，轉換成非同步工作，讓工作者抓回工作主控權。反而能帶來遠比在辦公室高的效率。而且能夠超越地域限制，招聘到更高品質的同事。

某一些類型的工作，如強行導入遠距工作（如金融類），反而資安上的成本會遠較於在辦公室的成本高上不少。

✿ 資淺程度的工作崗位並不適合遠距

我的朋友因為疫情的關係，公司也在做意見調查，考慮未來轉入 Remote 工作形式。但出乎主管意外的，資深的同事紛紛贊同遠距工作。資淺的同事卻不是很感興趣。

他很好奇為什麼有這樣反常的現象。

我説，資淺的同事不是很感興趣的主因在於：

1. **怕管不住自己**
2. **公司還有很多需要跟前輩貼身學習的技巧**
3. **缺乏拆分工作的技巧**
4. **缺乏溝通的技巧**

所以它們十分害怕轉入遠距工作。怕自己進入遠距模式，反而進入了一個低效率的辦公模式。

而資深同事非常樂意，是因為它們並不會有這樣的困擾，在家上班反而還能讓它們屏蔽更多從辦公室帶來的干擾。

其實，在實務中，遠距團隊其實也是不太適合有資淺者參與的。原因是遠距團隊比較像是一個講究節奏韻律的協奏樂隊，很注重各成員的自律、交棒接力。萬一有成員頻繁掉球，容易在遠距環境裡面，損失被放大。

如果你的團隊裡面有不少資淺工作者，我建議還是讓它們盡量集中在一起上班較為合適。

8-7
如何估算轉型成 Remote 團隊的成本

這個主題無疑是企業主最關心的議題。

Inhouse 團隊轉形成 Remote 團隊,費用究竟是會上升、還是下降。

這個話題有點尷尬,因為標準答案是 it depends。我很想給各位一個數字,但是實在無法估計,這是因為每個公司的狀況都不一樣,所以我很難給各位一個標準計算公式。

然而,我可以給各位一個不一樣的視角去思考這件事。

其實,每種機制都是會有 pros 與 cons 的。比如說 Inhouse 轉型成 Remote,雖然省了市中心的房租、員工省了通勤時間、可以跨地域招到更好的人,但是給員工添購辦公設備的成本卻上升了。

又比如說遠距教學吧!學生與老師使用遠距教學,好處是老師可以教更多學生,但壞處是老師備課的時間更長了。學生的好處是可以自己安排學習步調與時間,壞處可能是學習效果下降。

員工在家上班,看似省下了通勤時間,也從公司拿回來了自己的時間支配權。但是這個時間支配權,可能轉眼就會被小孩奪走。或者是公司的協作機制並不好,反而在家上班後,需要花費更多的時間在溝通上。

> **但我覺得很重要的一個角度是，**
> **不要想要把 Inhouse 的團隊的流程成本，**
> **帶進 Remote 的流程成本估算。**

我舉個例子。假設在 Inhouse 工作，一個團隊要完成一個主線任務，需要 10 個步驟，是 A=>B=>C=>D=>E=>F=>G=>H=>I=>J。但是改用 Remote 後，也許這個工序只需要 5 步驟。而且順序還不一樣。可能是 C=> J => A => D => H。

也就是說，其實如果要去估成本，你不能假設拿 Inhouse 10 道程序，一個一個試著搬進 Remote 工序中，去做成本的加減。

因為這兩種團隊的成分與結構，是「完全不一樣的」。

所以去估成本，應該獨立的去估算。不是我要這個，不要這個，糾結那個。 Remote 是一套全新的流程。

那麼，要如何進行成本評估呢？

我認為可以這樣評估。

- 寫下你們在舊團隊最大的成本，與工作上最大的困境，與最大的收益，大概五條。
- 寫下在 Remote 團隊上，最大的成本，與最大工作的困境，與最大的收益，大概也五條。

這樣的估法，起碼可以把預算估出 80%。而不是一個無法估算的模糊數字與感覺。

因為兩者是無法用比較的。

我認為一般團隊思考的盲點往往是線性的。也就是這個團隊最大的疑惑可能會是我是教育團隊,有沒有教育團隊的例子可以讓我去參考估算。但能夠找到相同案例去估算的情景是很困難的。就算行業型態相同,可能也會有各自細節上的不同場景。

所以關鍵是,以「點狀」思維、每一個節點去估算。以大數思維、80% 的狀況去估算。

反而就容易評估了。

PART 9
一般團隊如何
導入 Remote

9-1

重構而非發明團隊的
工作流程

✿ 為什麼一般團隊不敢輕易導入遠距工作？

這本書寫到這裡。剩下最大的問題，就是如何將「遠距工作」導入現在的工作環境了。

這也是卡住許多人最大的難關，要是 Remote 這麼好導入，承平時期，世界上早就到處都是 Remote Team 了。

不會是因為疫情，大家沒得選才會 Remote。

一般團隊，之所以不會選擇 Remote 作為團隊第一選項，就是遇到這樣的問題：

> *Remote 造成的是平常的協作模式全改變。*
> *身為老闆與領導者，很難去估清流程*
> *一旦改變所造成的損失與影響。*

即便，你可能在市面上聽了很多人吹 Remote 是多麼牛逼，帶來的 150% 生產力爆增及解放，也還是不敢貿然嘗試。

主要是真怕以下三點情形的發生：

- 生產力下降
- 原先順暢運行的流程，結構被破壞而且無法 rollback
- 沒有人帶入門

那麼，這本書看到這裡。大家也學會了不少技巧，究竟要如何開始呢？

⚙ 重構你的工作流程

這裡還分兩種情況。

- 一是你原先目前是 inhouse 團隊「想」改 Remote 團隊（有得選）。
- 二是你原先目前是 inhouse 團隊，「被迫」改 Remote 團隊（沒得選）。

不過，我給的一致答案是：

> 不管你是不是被迫換成 Remote 形式，
> 都要先從原先流程效率最低的部分開始改造。

在組織裡面導入新的流程，很像我們程式設計師以前在寫代碼的一道工序：「重構」。

重構指的是絕大多數網站 App，都是蠻力蓋起來的。裡面結構七歪八扭，但求能動、能收錢就行。但是這樣的 App 業務成長到了一個關鍵節點，就無法再疊床架屋下去。必須要徹底改善內部結

構，否則再添任何 feature，都可能使原有架構崩潰。

　　這時候，程式設計師團隊有兩個選擇。一個是拆掉裡面樑柱，原地改建。一個是另闢一塊新地，畫新設計圖重新建造。

　　這對一般程式設計師都是個兩難。二顯然是最理想的，因為不用管那些噁心的代碼，沒有技術債。但是新的風險是如果選二，很有可能原 App 在二還沒蓋好之前就垮，而且憑空的新設計圖，蓋不出來，或者是蓋出來後又產生許多複雜的新問題。

　　但是選一呢？又要面對那一坨大便般程式碼。有時候問題真是大到恨不得把整塊代碼都敲了重寫，但是這樣的問題在於敲了可能公司就完了，總不可能公司關著等代碼重構完吧。

　　無論如何，公司老闆都不會給你關門大吉，營業損失的重構選項。

　　這個問題看似難以解決。但那是對一般程式設計師來説而已。

9-2
跟程式設計師學
如何重構工作流程

⚙ 程式設計師的重構流程

對於架構師等級的程式設計師。它們是有一套清楚標準程序能夠解決的。

以下我分享架構師級別通常會採用的重構步驟：

- **STEP 1**：先測量效能數值，界定瓶頸
- **STEP 2**：找出當前效能最大瓶頸區塊，計畫重構
- **STEP 3**：確定該區塊的正確輸入以及正確輸出為何。確保在改寫過程中，輸出始終不會壞掉
- **STEP 4**：如果發現還是太大塊，就再切成數個小模塊，從可以提升效能又改得動的模塊開始。

同時這當中，不要害怕多次重寫拼裝。因為在這個過程，程式設計師可能要反覆重新調整流程幾次。但是始終只要確保一個原則，不要影響到原有結果。

> 重構應該採取的策略是，
> 小步重構而不是扔掉重寫

最不好的重構姿勢，是草率把代碼直接扔掉重寫。看似直接拋棄了技術債，但原先的 workround 裡面可能藏了以前許多運行良好的 workround。短期之內效率可能會提升，但是這個修改，卻會引出過去老早就被解決的諸多問題，甚至綜合起來，產生更多難以想像的災難。

而這套原則，套到組織流程改成 remote，要如何比照辦理？

⚙ STEP 1：先測量效能數值，界定瓶頸

組織裡面可以先行召開一個大型的生產例會議。找出團隊還沒導入 remote 前，就覺得很慢的流程。

而且是平日就感覺 remote 與否，都會非常慢的流程。

比如說會議、比如說手稿傳遞修改，將所有耗時的區塊都列出來，再排序看哪一個區塊是最耗大家時間的。

⚙ STEP 2：找出當前效能最大瓶頸區塊，計畫重構

找出這個關節流程之後，設計對策。

看是使用會議技巧提升效率，或者是導入專業 Review 軟體，加快協作速度。

「能夠節省時間」對所有員工來說，不管改不改流程都是樂意的。只要是利遠大於弊，即便可能用點新工具，大家還是能夠忍受一些不習慣。

⚙ STEP 3：確保在改變過程中，輸出始終不會壞掉

我推薦在流程改造期間，團隊每週四開一個 AAR 檢討會，AAR 的全稱是 After Action Review。

這個方法起源來自於美國陸軍。一般在社會中，團隊重複的犯錯，不會導致任何死亡事件。但是在軍隊中，錯誤重複發生，可能會害死很多人。

所以美國陸軍發明了這種 Review 方法，然後利用每一場戰役、演習後的 After Action Review 所產生的經驗與教訓，整理成冊。編輯成各種教戰指南與 SOP。提升部隊的戰力，防止了致命錯誤重複上演。

AAR 總共有一組三個問題：

- **What was supposed to happen? What actually happened? Why were there differences?**
- **What worked? What didn't? Why?**
- **What would you do differently next time?**

中文翻譯：

- 描述狀況：
  a. 原本預期應該的情況
  b. 實際的情況
  c. 分析 a、b 的不同點

- 分析根本原因：
  a. 在情況中，什麼是有效的？
  b. 什麼是無效的？

c. 為什麼有效、無效？

■ **行動方針：**

下次可以怎麼做得更好？

根據這個檢討會的結論，去修正組織流程：這裡還分兩種情況

⚙ STEP 4：重複此循環

當第一個模組改完，就再改下一個模組。

> 這裡有一個小 Tips，如果你的團隊要重構，
> 千萬要記得一個原則，一次不要改兩個模組。

這是重構時最常犯的錯誤。有時候因為我們心急，一次就改了兩個地方。結果造成了莫名其妙，想都想不到的 bug。找了老半天才發現意外引發了很希有的異常狀況。

團隊流程重構也是如此，盡量不要一次改太多流程。

而是一次專攻一個專案的效率提升。這樣能有效比較重構前、重構後的效率，同事也較能夠得到正反饋。

當然，因為 COVID-19 的關係，很多團隊是被迫一夕之間，要改變所有流程。那也真的沒辦法。

但我建議讀者可以採取折衷方法：一週內全團隊只環繞著一個改進方向，如本週圍繞改善會議品質。而不要同時要求文檔寫作方式，資安文件傳遞原則。

可以等會議品質要求完了，再轉換題目。

一個禮拜只改善一個重點。以這樣的進度，一般團隊差不多 2 ～ 4 個禮拜之內。你的團隊就可以開始享受到效率提升的美好戰果了。

✿ 重構遠距工作流程的 Checklist

我將以上重構的循環「翻譯」成白話文版，供各位讀者進行：

- **STEP 1**：開會統整公司或小組內的生產力瓶頸，確立改善優先級
- **STEP 2**：每一週只集中改善一個主題
- **STEP 3**：將該週的主題、流程化，使用工具或撰寫 SOP
- **STEP 4**：每週開檢討會，檢討當週在引入新工具、新流程後，效率是否有提升
- **STEP 5**：反覆循環此步驟，直到全公司主要的流程文件大致上都被補齊了。並能順利產生各崗位的上手手冊

9-3

團隊遠距工作時
需要導入的協作原則

本書的最後，讓我為大家整理在團隊遠距工作時，需要導入的「遠距協作原則」。

我自己的團隊，目前採用的是 onboarding-oriented（改良敏捷）的開發模式，可以先熟悉這個過程中的各個基本概念，看完產品開發流程 SOP，再來看這個協作原則。

在我們目前開發的模式裡，產品開發的過程就像是踢球賽，重要的是如何配合協作贏得球賽的勝利，每個開發者都是不可或缺的隊友。

以下是產品開發過程中的基本協作原則：

- 明確目的，統一目標
- 明確分工，確認分工
- 全員對最終產出負責
- 了解專案進度，及時告知自己的進度
- 對專案高標準，對自我高標準
- 過程透明，不做信息黑洞
- 發現問題即時反饋
- 主動協作
- 用戶思維為第一導向
- 學會處理分歧

- 信任隊友，做一個可以被信任的人，說到做到

⚙ 明確目的，統一目標

參與開發的隊員需要都明確目的是什麼，目標是什麼？

- 通常接到一個指揮官任務，或者接到一項需求，首先要明確為什麼要做這件事，做這件事的目的是什麼。
- 確認目的才能夠辨別目前所做的事是否有助於目標達成，在之後的開發過程中也以目的為第一原則。
- 目標通常情況下是：為了達成什麼樣的目的，在什麼時間前，做完一件什麼樣的事。

⚙ 明確需求，確認分工

參與開發的隊員應該都明確為了達成這個目標，知道我們具體要做什麼、每個人的具體分工是什麼，自己的分工是什麼。

- 為了達成目標，需求應該是什麼。
  - 這個是由全體隊員討論的結果，比如要做徽章系統，具體要做哪些徽章。第一版要做成什麼樣。

- 接下來要明確分工。
  - 誰負責拆分 User Story，和 CEO 確認 User Story。
  - 誰負責設計，誰負責寫前台界面，誰負責後端。
  - 誰負責組織跑 onboarding。
  - 誰負責最終確認成果，確認上線節點。

⚙ 全員對最終產出負責

- 在目前團隊採用的改良敏捷的開發模式中,所有人都是對產出負責的。
  - 就像一場球賽一樣,如果球賽輸了,那相當於所有的隊員都輸了。如果贏了,成功是每個人的。

- 改良敏捷的模式裡,需要全員對整個專案都有責任意識。
- 區別於傳統瀑布開發,出問題大家不需要互相甩鍋,因為全員都有責任,需要共同檢討,做 AAR。

⚙ 了解專案進度,及時告知自己的進度

- 由於是全員負責模式,所以每個人都有義務了解目前專案的進度。
- 至少做到,當天結束工作時,每個隊員知道自己專案目前的進度是怎樣的。
- 當天結束工作時,讓隊友知道你的進度是怎樣,是快了還是慢了,有沒有什麼問題或者困難。

⚙ 對專案高標準,對自我高標準

- 以 A 級標準來要求專案。
  - 如:通常指揮官級別的 User Story 能切分至 30 ～ 60 張票,指揮官任務級別的 onboarding 通常會開出 50 ～ 100 張票,解決大致 30 ～ 50 張票。

- 以 A 級標準來要求自己。
  - 如:中高階產品開發工程師一天至少解決 10 張票,熟練應用 onboarding,拆分 User Story,確保專案按照進度上線。

- A 級的定義是：在市場範圍內，該選手輸出成果能達到前 **10%** 的
選手輸出的標準。

⚙ 過程透明，不做信息黑洞

- 所有的進度都要可查，可復原。
  - 如果是通過口頭溝通得出的結論，也應該更新在專案系統上，
  這樣其他隊員和公司其他人才能得知你目前的進度如何。
- 應該做到：哪怕不專門和其他人溝通，其他人也可以通過專案系
統，還原你今天的工作內容。
- 涉及到全公司的內容，比如產品 **release**，應該告知相應的人。
  - 例如：徽章功能上線後，需要告知 cs 組，不然客戶問題來，
  客服組並不知道上了這個新功能。
- 出現工作疏失會引起問題的，也應該第一時間匯報，早期發現火
苗是容易的，到後期就不好滅火了。

⚙ 發現問題，即時反饋

- 如果在專案中任何一環觀察出現了問題，主動向上反饋，如：
  - 需求不清楚，不知道做的對不對。
  - 分工不明確，沒人確認需求，或者寫 User Story。
  - 專案進度明顯慢低於預期。
  - 開發過程中，大家對需求的理解嚴重不一致，無法協商。
  - 或者是任何你覺得影響進度，結果的問題，一定要主動向上反
  饋。

✿ 主動協作

- 區別於瀑布開發模式，不會有一個 PM 做專門的協調，溝通的工作。
- 如果需要隊友的配合才能完成一件事，你發現隊友的進度不如預期，請盡快主動找他溝通。
- 不要被動等待隊友來跟你溝通。

✿ 用戶思維為第一導向

- 在產品開發過程中，用戶思維是第一導向。
- 凡是不清楚怎麼樣比較好的，回歸第一性原理，我們的用戶希望怎樣比較好。

✿ 信任隊友，做一個可以被信任的人，說到做到

- 相互信任是遠距工作的核心之一。
- 每個人都應該說到做到，對專案負責，如果沒有做到，一定要及時告知隊友，找到補救措施

【View 職場力】2AB953

遠距工作這樣做：
所有你想知道的 Working Remotely 效率方法都在這裡

作者	Xdite 鄭伊廷	馬新發行所	城邦 (馬新) 出版集團
責任編輯	黃鐘毅		Cite (M) SdnBhd 41,
版面構成	江麗姿		JalanRadinAnum, Bandar Baru Sri
封面設計	陳文德		Petaling, 57000 Kuala
行銷企劃	辛政遠、楊惠潔		Lumpur,Malaysia.
			電話：(603) 90578822
總編輯	姚蜀芸		傳真：(603) 90576622
副社長	黃錫鉉		E-mail：cite@cite.com.my
總經理	吳濱伶	印刷	凱林彩印股份有限公司
發行人	何飛鵬		2020 年 (民 109) 9 月 初版一刷
出版	電腦人文化		Printed in Taiwan
發行	城邦文化事業股份有限公司	定價	320 元

歡迎光臨城邦讀書花園
網址：www.cite.com.tw

香港發行所　城邦（香港）出版集團有限公司
香港灣仔駱克道 193 號東超商業中心 1 樓
電話：(852) 25086231
傳真：(852) 25789337
E-mail：hkcite@biznetvigator.com

國家圖書館出版品預行編目資料

遠距工作這樣做：所有你想知道的 Working
Remotely 效率方法都在這裡 /Xdite 鄭伊廷著 ..
-- 初版 . -- 臺北市：創意市集出版：城邦文化發
行 , 民 109.9
面；　公分

ISBN 978-986-5534-13-4(平裝)
1. 企業管理 2. 電子辦公室

494　　　　　　　　　　　109012977